NPT
核のグローバル・ガバナンス

NPT
核のグローバル・ガバナンス

秋山信将 編

岩波書店

はじめに

核の登場と国際社会の変化

核技術が国際政治の表舞台にはじめて登場したのは、一九四五年の原子爆弾の登場によってである。それは、従来の国際政治のあり方を変えた。

核兵器の持つ大量破壊、大量殺戮の能力は、戦争をもはや国益を追求するための「他の手段をもってする政治の継続」(クラウゼヴィッツ)としてのみ理解することを困難にした。すなわち、国益を増進するための手段として外交があり、その延長としての戦争があった時代とは異なり、核兵器の時代には、核兵器を保有する国同士の核の応酬を伴う戦争には勝者も敗者もなく、ただ荒廃が残るのみという結末が待っている。その結果、核保有国には、核兵器を使って戦争に勝利すること以上に、いかに相手に核兵器を使わずに、いかに核兵器の存在によって相手の行動を変えさせるか、という、核兵器を使わない・使わせないための抑止の戦略が求められるようになった。第二次世界大戦後、米国とソ連という二つの超大国は、軍拡競争の中、お互いをその強大な核戦力の破壊力で抑止しあう「相互確証破壊(MAD)」という「恐怖の均衡」状態を築き上げるに至った。

また、核兵器は、それを「持てる国」と「持たざる国」の間に大きな格差を生み出す。核兵器を持つ国は、持たない国に対して安全保障戦略においても、政治的にも、圧倒的な優位を得ることができるのだ。それは、核兵器の便益が極めて大きいことを示している。それゆえ、もし核兵器の取得に対してなんら規制や制限がなされないとすれば、国家が核兵器を保有しようとするインセンティブは極めて大きくなろう。より多くの国が核兵器を保有することになれば、それだけ核戦争の危険は高まる。核兵器は、大量に使用されれば人類が滅亡するかもしれないという恐怖との共存を人類に強いることになったのである。

一方で、核の技術は人類に対して恩恵ももたらした。核分裂によって発生するエネルギーによる発電や、放射線によるがん治療、その他工業用、農業用に核の技術が応用されている。一九五三年の国連総会において米国のドワイド・アイゼンハワー大統領は、「平和のための原子力（Atoms for Peace）」と題する演説を行い、核の恐怖をコントロールしながら、核技術を民生利用することによってもたらされる利益を限られた国で独占するのではなく、人類で共有すべきと訴えた。これを契機に、原子力の平和利用における国際協力が進み、核技術を持ち、原子力発電を行う国が増加した。七〇年代以降、経済発展に伴うエネルギー需要の増加や、のちには、地球温暖化問題に対応するために、二酸化炭素排出量の少ない原子力発電が注目されるようになった。一九七九年のスリーマイル島、八六年のチェルノブイリ、そして二〇一一年の東京電力福島第一原子力発電所における原発事故を経て、原子力の安全性に対して疑念が呈されるようになった現在でも、世界各地で原子力発電を利用する動きは絶えない。

核分裂を起こす核分裂性物質として主に使用されているのは、ウラン[1]235とプルトニウム239である。通常、自然界に存在するウラン鉱石には、さまざまなウランの放射性同位体が含まれており、その中でウラン235はわずか〇・七パーセントにすぎない。この状態では持続的な核分裂を起こしにくいので、ウラン235の濃度を高める濃縮を行う。現在、一般に使用されている軽水炉という原子炉の燃料として使用する場合には、ウラン235の濃度を三～五パーセント程度に高めている。また、医療用の放射性同位体などを取り出すための研究炉の燃料の場合、二〇パーセント程度まで濃縮することもある(2)。そして、核兵器の材料として使用される場合には、八〇パーセント以上に濃縮される。

また、プルトニウム239は、自然界にはほとんど存在しない放射性物質で、ウランが核分裂反応を起こした結果生成される。プルトニウム239を使用する場合には、原子炉において燃焼させた使用済み燃料を原子炉から取り出し、化学的な処理（再処理）によってプルトニウム239を抽出することになる。抽出されたプルトニウム239は、原子力発電の燃料として使用することも可能であるが、純度の高いものは核兵器の材料となりえる。

このように、ウラン濃縮とプルトニウムを抽出する再処理の技術および、核分裂を起こし制御する技術は、核兵器の製造という軍事目的にも、原子力発電などの平和目的にも利用できる、いわゆる汎用性を持っている。この汎用性ゆえに、人類がどのように核の技術と向き合い、管理するのかは、極めて難しい課題なのである。すなわち、国際社会は、破滅をもたらしかねない核兵器の恐怖を拡大させず、そして最終的にはそれをなくしていくための核兵器の拡散の管理と、核の技術の恩恵の適切な共有とを両立させなくてはならない(3)。

人類は、核分裂を一定程度コントロールすることができる技術を獲得したのと合わせて、このような困難な課題を抱え込むことになったのである。

核の秩序を規定する核兵器不拡散条約（NPT）

国際社会が、このような困難な課題に対応するため、核をめぐる秩序を規定する価値（あるいは考え方）を国際法として明文化したのが、一九七〇年に発効した核兵器不拡散条約（NPT）である。

NPTは、核兵器を合法的に保有できる国と、核兵器の保有が禁止される国を法的に区別し、これ以上核兵器を保有する国を増加させないために、非核兵器国は核兵器を保有・開発・製造しない義務を負い、核兵器国はそうした核保有の企みに対して支援を行わないこと、すべての締約国、特に核兵器国は核軍縮について誠実に交渉すること、そして原子力の平和利用の奪い得ない権利の行使のため協力に努めることが定められている。そして、一九五七年に設立された国際原子力機関（IAEA）は、原子力の平和利用を推進する一方で、NPTの核不拡散義務を担保すること、すなわち核物質や施設などが軍事転用されないことを担保するための保障措置・査察を実施する。

IAEAとNPTは、国際社会における核技術の拡散を管理する国際的な核不拡散レジームの中核を構成する。とりわけNPTは、核兵器の不拡散、核軍縮、そして原子力の平和利用という三つの重要な価値を国際社会が実現するためのルールや規範を提供するという重要な役割を担ってきた。

冷戦の終焉後、米国とソ連（のちにロシア）の間の核戦力の縮小も進み、当初、核兵器国の米英ソを含め五〇か国程度に過ぎなかった締約国数は、一気に増加した。現在、その数は一九〇に及ぶ。九〇年代はじめには、長い間核兵器を持ちながらNPTに加入してこなかった中国とフランスが加わり、核兵器を保有してきた南アフリカも核を廃棄して非核兵器国としてNPTに入るなど、核兵器の廃絶に対する国際的な世論も高まった。二〇〇七年に、いわゆる「四賢人」（ヘンリー・キッシンジャー元国務長官、ジョージ・シュルツ元国務長官、ウィリアム・ペリー元国防長官、サム・ナン元上院軍事委員会委員長）が『ウォール・ストリート・ジャーナル』紙に寄稿した「核兵器のない世界（A World Free of Nuclear Weapons）」という論考は、国際社会に「核なき世界」に向けた努力を促す潮流を創り出し、二〇〇九年にバラク・オバマ米大統領がプラハで行った演説は、その流れをより強固なものとした。

その一方で、インド、パキスタン、イスラエルは引き続きNPTに加盟せずに核兵器を保有している。また、湾岸戦争後に明るみに出たイラクの核開発プログラム、北朝鮮が隠れて行ってきた核開発、イランの疑惑、それにシリアやリビアでの隠れた核開発計画の試みなど、核拡散の懸念は高まった。さらに、こうした国々の核開発計画で資機材調達の一端を担った核の闇市場の問題、非国家主体による核取得の可能性など、核拡散の懸念は尽きない。国際的に普遍的な核不拡散政策の原則と基盤を提供するNPTの意味はますます重要になってきている一方で、これまでのNPTを中心とした国際的な核不拡散体制の実効性に対する疑念も同時に提起されている。

このような核の脅威をめぐる国際情勢の下、NPTは、国際社会が取り組むべき課題に対して論点を明確にし、解決のための指針を示すこと、そして議論をするためのフォーラムの提供など、核をめぐるグローバル・ガバナンスにおいて、重要な役割を果たしている。

NPTはどのように運用されているのか

NPTは、その特徴を並べてみると、それが極めてユニークな存在であることに気づく。

第一に、主権国家間の平等性を最も重視する国際社会にあって、核兵器の保有が許される国（条約上は、核兵器国と呼ぶ)と、許されない国(同様に、非核兵器国と呼ぶ)を法的に明確に区別する、不平等条約である。NPTは、一九六七年一月一日前に核実験に成功した国に対して核兵器の保有を認める一方、それ以外の国に対しては核兵器の保有を禁じ、核兵器が国際社会に拡散することを防止することを主たる目的としている。なお、核拡散には、垂直拡散と水平拡散があり、垂直拡散とはすでに核兵器を保有する国が、質、量において核戦力の充実を図ることとされ、水平拡散とは、核兵器を保有する国が増加することを意味する。NPTは、一義的には核兵器を保有する国を増やさないことを目的としている、すなわち水平拡散を扱っている。核兵器の拡散はその行為そのものが禁止されている一方で、このような不平等性を解消するための努力としての核軍縮については、条文上では「誠実に交渉する」義務があるだけである。核兵器国と非核兵器国は、法的な地位だけでなく、条約上の義務についても不平等に見える。

そのような不平等性にもかかわらず、現在、NPTの締約国数は、一九〇か国にのぼるが、[4] これは国連憲章の締約国数に次いで二番目に多い。これだけ多くの国が、核兵器を保有する国を増加させないという考え方に基本的には賛同している、もしくは否定していないということになる。しかし、ある特定の時期までに核実験を成功させたことを基準として核兵器の保有を非合法化することになれば、おのずとNPT締約国は条約によって核兵器の保有を許される「持てる国(核兵器国)」と、核兵器の保有が許されない「持たざる国(非核兵器国)」に分けられる。[5] そしてNPTの条約は、それが存続する限りこのような不平等な状態を固定化することになる。主権国家同士は平等であるという建前を最重要視する国際社会にあって、その国家の存立にかかわる安全保障の問題で不平等性を持つこの条約は、これだけ多くの締約国を抱え、多様な思惑が交錯する中でどのように運営されているのであろうか。このような不平等性を解消するための手立てでもある核軍縮について、条約のプロセスはどのように取り組んでいるのであろうか。

第二に、NPTが交渉され、成立した一九六〇年代から七〇年代はじめにかけての時代は、米ソの冷戦が激化し、核軍拡が進行している最中であった。対立が激化しているにもかかわらず、米ソは協調しながら条約を成立させた。それだけ、核兵器の拡散が、米ソにとって安全保障上の重要な共通課題であったともいえるが、米ソを含む核兵器国間の核不拡散をめぐる協調は、核兵器国と、核不拡散の措置によって制約を受けると考える非核兵器国との間での厳しい対立を構造化した。

現在国際社会では、NPTによって核の保有を認められた五か国(米国、ロシア、英国、フランス、中国)に加え、NPT未加入のインド、パキスタン、イスラエル、それにNPTを脱退したと主張する北朝鮮の合計九か国が核兵器を保有している。これを多いとみるか少ないとみるかは、人によって異なるかもしれないが、現在の先進工業国等の技術レベルなどを考えると、核兵器を保有する国の増加率は極めて低いということができる。NPTの条文を読んでみても、そこには、条約に違反した場合の罰則は規定されていない。また、核兵器の開発や保有をしていないことを検認するためのIAEAによる保障措置も完全ではない。条約の不遵守や違反に対するペナルティの小ささを考えると、現在の核保有国の数は、ある意味では驚くべき数字であるともいえよう。はたして、NPTは、そのプロセスの中で核不拡散の強化をめぐってどのような議論を展開し、核兵器の拡散防止のためにどのような役割を果たしたのであろうか。

NPTには、発効後二五年でその延長について見直しを行う規定があり、一九九五年に無期限延長が決定された。見直しの規定は、成立当初これを入れなければならないほど、不平等性に対する非核兵器国の不満が強かったことの証ともいえる。いくつかの課題を抱えながらも、無期限延長が決まったNPTであるが、この条約の運用を検討するために五年に一度の再検討会議が四週間の会期で開催されている(この五年のサイクルを再検討プロセスともいう)。この会議にはどのような意義があり、どのような議論がなされているのか。そして、この会議はどのように運営されているのだろうか。

国際社会における核の秩序のグローバル・ガバナンスを理解しようとすれば、その中心に位置するNPTの履行を担保し、その価値を実現するためのプロセスの動態を理解することが不可欠である。

本書のねらいと構成

日本は、一九四五年に広島、長崎に原爆を投下され、世界で唯一核兵器による攻撃を受けた国となり、また一九五四年には南太平洋のビキニ環礁での核実験によって放射性降下物、いわゆる「死の灰」を浴びた第五福竜丸事件がおきたことで、核兵器に対するタブーが国民の間に根強く存在すると考えられている。NPTについても比較的認知度は高いといえる。五年に一度四週間にわたって開催される再検討会議、そしてその前年までの三年間に一〇業務日の会期で開催される再検討会議の準備委員会には、被爆地広島・長崎の市長や被爆者団体の代表以外にも日本のNGOが数多く参加する。そして日本のメディアもその様子を報道する。しかしながら、条約の履行を確保し、条約の提供する価値観を実現するために、国際社会ではどのような取り組みがなされているのか、NPTという条約、そしてその再検討プロセスの実際については、必ずしも正確に理解されてきたとはいえないのが現状である。

これまで、いくつかの学術的な研究や評論などは存在していたものの、誰もが簡単に手に取ることができ、NPTの全体像がつかめるような解説書は存在してこなかった。また、よく「軍縮マフィア」とか「核不拡散マフィア」などと揶揄されるが、NPTを含む、多国間の核軍縮・核不拡散にかかわる交渉やNPT再検討プロセスに関する知見は、長い間この問題に携わってきた外交官や政府の関係者、一部の研究者やNGOスタッフのコミュニティによって図らずも「独占」されてきたところがある。もちろん、長い間この問題に熱心に取り組んできた人たちがいるからこそ、非常にテクニカルな内容をともなった核軍縮・核不拡散に関する議論が深まり、具体的な取り組みにより、核兵器のリスクが広がることが防がれてきた面は大いにある。そして、彼らにその知見を独占する意図などまったくなかったことは確かだ。しかし、専門家以外から見れば、核軍縮、核不拡散をめぐる多国間の議論は、これまで積み重ねられた議論や慣習の中で、独特の論理や用語が飛び交う、わかりにくいものになってしまいがちであった。特に途中から参入してきた者にとっては、それまでの経緯を知らないままでは、なかなか議論に加わりにくいことも確かである。

その一方で、近年核軍縮を議論し、進めるプロセスにおいて市民社会の役割が重要になっていることからもわかるように、核の問題について、政策担当者や専門家などの「軍縮マフィア」のコミュニティを超えてより多くの人たちが理解し、そして議論に参加することで、今後一層核軍縮・核不拡散に対する取り組みが幅広く、深くなっていくだろう。このことは、核のない、より安全な世界がより早く実現することを目指すうえで大いに意義があると考える。

本書は、このような問題意識のもと、NPTの場を中心に核軍縮・核不拡散の問題に取り組んできた日本の中堅研究者、実務家、そして市民社会のメンバーを執筆陣として、より現実に近いＮＰＴに対する理解を深めてもらうために、ＮＰＴの成り立ち、現在の再検討プロセスにおける重要な論点や政治的なダイナミズムなどについて総合的に解説した書である。その構成は次の通りである。

第一章では、ＮＰＴの構成などについてその成立過程を概観しながら理解する。第二章は、ＮＰＴの締約国による履行を促すために設けられている再検討プロセスの制度的な側面と実際の政治的な動きについて、ＮＰＴ再検討会議での交渉に直接携わってきた実務者が解説する。実際に条約というものがどのように守られ、またその条約が提示する価値を実現するために国際社会がどのように国際交渉に臨んでいるのかを理解する手がかりとなろう。

第三章以降は、ＮＰＴをめぐる重要なイシューごとの議論について論じる。第三章は、軍縮という分野における議論を概観する。核軍縮を進めるためにどのような政策が提案されてきたのか、またどのような議論が展開されたのかをまとめている。第四章では、核不拡散と原子力の平和利用の分野での議論の展開を説明する。これら二つの章では、ＮＰＴのいわゆる三本柱、あるいは「グランド・バーゲン」と呼ばれる、伝統的かつ中核的なイシューを扱う。

第五章では、条約の普遍性、実効性に深く関連する地域の安全保障問題と核軍縮・核不拡散の問題について説明するが、主に一九九五年の無期限延長以降、重要性が高まっている中東問題に焦点を当てる。第六章は、こちらも最近とりわけ注目されるようになった、核の非人道性をめぐる議論について解説する。この問題はまだ発展途上であり、今後どのように扱われるようになるか現時点で判断するのは困難であるが、今後の展開を見る上で本章での議論は重要な基礎的知見を提供する。

そして最後に第七章は、主権国家間の条約であるNPTの再検討プロセスにおいて、特に軍縮や核の非人道性などの分野における論点や議論の提示などで近年存在感を増している市民社会が、核兵器の脅威の削減のためにどのような役割を果たしているのかについて触れる。

本書を通じ、NPTという条約を通じて国際社会がどのように核軍縮、核不拡散に取り組んでいるのか、その中でどんな課題に直面しているのか、また、条約の運用について点検し、取り組みを進めるためにいかなる制度のもとでどのような政治が展開されているのか、NPT再検討プロセスを中心に国際社会における核のグローバル・ガバナンスの実像についてより正確な理解が深まり、より多くの人がNPTへの関心を高めてくれれば幸いである。

編者　秋山信将

（1）同じ元素でも中性子の数によっては、安定している同位体と不安定な同位体がある。不安定な同位体には、放射線を出して放射線崩壊を起こすものがある。これを放射性同位体という。

（2）国際原子力機関（IAEA）の定義によると、濃縮度二〇パーセント未満を低濃縮ウラン（LEU：Low Enriched Uranium）、それ以上を高濃縮ウラン（HEU：Highly Enriched Uranium）として両者を区別し、HEUは核爆発装置に直接利用可能な物質とされている。

（3）もちろん、現在においては、核兵器だけでなく、原子力発電など、原子力の平和利用への反対論もある。しかしながら、人類と核技術の関係の歴史を通観してみれば、人類が核技術の恩恵を享受してきた一面もまた事実であり、こうした歴史を通じて、後述の「原子力の平和的利用の奪い得ない権利」という概念が国際社会の規範として定着してきた。また、平和利用には、医療、工業、農業など、様々な用途があることはすでにふれたが、これらの用途に利用する放射性同位体の抽出にも、核分裂という技術を利用する。したがって、原子力発電への反対がすなわち原子力の平和利用に対する反対と同義ではないことに留意すべきであろう。ゆえに、本論は、原子力発電の是非について論じるのではなく、このような規範が定着してきたという事実を基礎に論じている。

なお、「核」という単語が軍事的な意味を持ち、「原子力」が平和利用を暗黙の裡に示しているとして、「核」と「原子力」を意図的に使い分けることの是非についての議論があるが、ここでは特にそのような特別な意図をもって用語を使い分けることはしない。Atomic bomb が原子爆弾、nuclear weapons が核兵器と訳されている一方で、nuclear energy が原子力、Atoms for Peace も「平和のための原子力」と訳されているように、文脈によって使い方が異なるだけで特別な主張を反映しているわけではない。

（4）北朝鮮が加入しているかどうかについては、北朝鮮が二〇〇三年に脱退を宣言したその方法の妥当性をどう評価するかで判断が分かれる。北朝鮮が引き続き加盟しているとすれば、一九〇か国である。

（5）NPTでは、第九条で一九六七年一月一日前に核兵器その他の核爆発装置を製造しかつ爆発させた国を「核兵器国」とし、それ以外を「非核兵器国」と定義する。なお、NPTに加入せずに核兵器を保有する国を含める場合には、条約上の定義である「核兵器国」と区別し、「核保有国」とする。あるいは、英語の場合、nuclear armed state と言われることもあり、その場合の日本語訳は、「核武装国」となるが、日本語の場合、「核保有国」が一般的である。

目　次

第一章　核兵器不拡散条約(NPT)の成り立ち

秋山信将

はじめに

一九六八年に署名のために開放され、一九七〇年に発効した核兵器不拡散条約(NPT)は、核兵器の拡散防止、核軍縮の促進、そして原子力の平和利用の権利の擁護を主たる目的とした条約である。現在締約国数は一九〇か国(北朝鮮含む)で、この数は国連憲章の一九三か国について二番目に多い。条約は、前文と一一条から構成されている。

前文では条約の目的と原則について触れている。第一条が核兵器国による核不拡散義務、第二条が非核兵器国による核不拡散義務、第三条は非核兵器国の核不拡散義務を担保するための保障措置を規定する。ここまでが、核兵器国がNPTの主たる目的とみなす核不拡散を扱う。

第四条の原子力の平和利用の奪い得ない権利と協力、および第五条の平和的核爆発は、非核兵器国が原子力の技術を平和目的に利用するにあたっての権利を明文化している。

そして、第六条では締約国が核軍縮のための条約について誠実に交渉を行う約束を規定している。第七条は、非核兵器地帯のような地域的な取り決めについて言及している。この二条は、核軍縮について言及している。以上の条文が、NPT締約国の権利・義務関係を構成する柱となっているが、これら核不拡散、核軍縮、原子力の平和利用という三本柱の間には、核兵器国と非核兵器国それぞれが条約の義務を果たす取引きともいえる「グランド・バーゲン」が存在すると理解されている。

また、第八条以下は手続き事項についての規定である。第八条は、条約の改正および条約の再検討のための会議の開催について、第九条は締約国の批准手続きおよび核兵器国と非核兵器国の定義、第一〇条は条約からの脱退と条約の延長に関する問題、そして第一一条が条約の寄託を定めている。

本章では、NPT成立の背景およびその過程と、条約の基本的な構造について概説する。まず、NPTの成立にいたるまでの背景として、核兵器開発をめぐる米ソなど、核兵器を保有する国同士の競争を中心に核兵器が国際社会に拡散していく様子と、原子力の平和利用が広がり、そして核不拡散という政策が国際社会の重要課題として登場する過程を描く。

さらに、その中で核兵器の拡散を防止するための取り組みとして、NPTの成立に向けた動きが五〇年代終わりごろから活発化し、六〇年代半ばの本格的な交渉を経て、一九六八年に署名のために開放され、一九七〇年に発効する過程を見る。この交渉の中では、冷戦の対立状態にある米国とソ連の一種奇妙な協調関係が見られ、また核兵器を保有する国と保有しない国の間で条約の内容をめぐって様々な駆け引きが展開され、妥協がなされていった。ここではさらなる核拡散を防止するため、核兵器を持ってよい国(核兵器国)と、核兵器を持つことを許されない国(非核兵器国)を法的に明確に区別するという、主権国家で成り立つ国際社会においては極めて異例の不平等性にもかかわらず、より多くの国が署名・批準することを促すための妥協や外交的取引が条文としてどのように結実したかを概観する。

この条約の成立過程の説明を通じて条約の基本的な構造、特に核不拡散、核軍縮、原子力の平和利用という、条約の中核となる三つの価値によって構成される、核兵器国と非核兵器国の間の「グランド・バーゲン」の成り立ちを理解する。この「グランド・バーゲン」を知ることで、次章以降で論じられる、NPT再検討会議における主たる論点や対立の構図を把握することができ、現在NPTのプロセスの中で交わされている議論のより深い理解に役立つであろう。

1　条約成立の背景

1　拡散する核兵器

一九四五年八月に広島、長崎に米国が投下した原子爆弾は、国際政治を新たな段階へと導いた。一九三九年、亡命物理学者のレオ・ラシードは、核分裂反応のエネルギーを使った兵器をナチス・ドイツが開発することをおそれ、アルバート・アインシュタインの名を借りてセオドア・ルーズベルト大統領に信書を送った(1)。これを契機に米国では、英国と共に核分裂を兵器に応用する研究がはじめられ、一九四二年には核兵器開発のプロジェクト「マンハッタン計画」が立ち上がった。「マンハッタン計画」は、ロバート・オッペンハイマーら多くの科学者を取り込み、急ピッチで核兵器の開発がすすめられた。計画の立ち上げから三年後の一九四五年七月一六日には、ニューメキシコ州のアラモゴード近郊の実験場において、ワシントン州ハンフォードのB炉から抽出されたプルトニウムを使ってロスアラモス国立研究所で製造された爆縮型の原子爆弾（「ガジェット」）を使い、初めての核実験（「トリニティ実験」）を成功させた。この「ガジェット」は、長崎に投下された「ファット・マン」と同型の原子爆弾である。当時、ウラン235を大量に濃縮生産することは困難であったため、エンリコ・フェルミによって開発された軽水冷却黒鉛減速炉のB炉から抽出した、比較的純度が低いプルトニウムを使用し、爆縮という技術が利用された。トリニティ実験は、爆縮技術の実証実験を目的としていた。この核実験の成功をみて、「マンハッタン計画」で中心的な役割を果たしたオッペンハイマーは、ヒンドゥー教の詩篇の中の、「我は死なり、世界の破壊者なり」という一節を思い浮かべたという。博士の受けた衝撃の大きさを物語っているといえよう。なお、人類初の実戦使用として広島に投下された「リトル・ボーイ」は、濃縮ウランを使用した「ガン・バレル」型であった。この「ガン・バレル」型の構造は極めて単純であったために、事前の実験は必要なく、広島への投下が初の爆発であった。

この米国による核兵器の使用は、「政治的核分裂の連鎖反応」を引き起こした。ソ連は、一九四六年末に黒鉛減速炉によって核分裂を起こすことに成功し、三年後の一九四九年八月には原爆実験に成功した。これにより、米国による核兵器の独占は終わりを告げることになった。さらに一九五二年一〇月には英国が豪州のモンテペロ島で核実験に成功し、世界で三番目の核保有国となった。

米国とソ連の、核兵器開発・製造競争は、冷戦の激化に合わせ一層激しさを増した。核開発競争は、核兵器の高性能化（爆発規模の拡大および小型化）と、運搬手段（ミサイルの長射程化、高精度化など）の両面において繰り広げられた。一九五二年に米国が液体水素を利用した水素爆弾装置の実験に成功すると、翌年八月にはソ連が固形（乾性）の重水素化リチウムを利用した水素爆弾の実験に成功している。この両者の違いは、米国の実験は大規模な装置を使ったもので、実際に実戦使用することは不可能であったのに対し、ソ連が実験した水素爆弾はより小型で実用も可能なものであったとされる。そして米国もソ連の後を追うように、一九五四年三月には実戦使用が可能な乾性の水爆の実験に成功している。

また、同時に運搬手段の開発も進み、長距離戦略爆撃機、さらに五〇年代後半には大陸間弾道ミサイル(ＩＣＢＭ)の開発競争が激化する。一九五七年一〇月、ソ連は米国に先駆け、人工衛星スプートニクを初めて静止軌道に乗せた。これは、ソ連がＩＣＢＭによって米国本土に対して直接核攻撃をする能力を獲得したことを象徴的に示すことになった(ただし、ソ連による実際のＩＣＢＭの開発の成功は、スプートニクに先立つ一九五七年八月のＩＣＢＭ「Ｒ-７」の実験成功による)。米国では、これを契機に「ミサイル・ギャップ論争」が巻き起こった。米国は従来、欧州に戦略爆撃機を配備してきたが、ＩＣＢＭの開発で遅れを取ったとの認識が広がり、ソ連に対して脆弱な立場に置かれているのではないかという議論が展開されたのである。これがスプートニク・ショックである。

それまで長距離爆撃機に依存してきた米国も、これを機にＩＣＢＭの開発を急ぎ、一九五八年にはアメリカ航空宇宙局(ＮＡＳＡ)が設立され、マーキュリー計画(有人宇宙飛行計画)が開始された。米国は、一九五九年に初めてのＩＣＢＭ「アトラス」を配備し、また同時に中距離弾道ミサイル(ＩＲＢＭ)を潜水艦から発射するという「ポラリス計画」を開始した。六〇年代の初めには米ソとも相互に本土を直接攻撃できる能力を獲得するに至った。このような運搬手段の高度化は、両国間の軍拡競争にますます拍車をかけることになった。

さらに、米国がトルコに中距離の射程を持つジュピター・ミサイルを配備したことに対抗してソ連が革命後間もないキューバに中距離ミサイルを配備しようとしたことを契機に、米ソの間で一触即発の「キューバ危機」が勃発する。米国は、一九六二年一〇月一四日に、偵察機U‐2が撮影した写真をもとにキューバにソ連の準中距離弾道ミサイル(MRBM)、IRBMが配備されていることを確認する(当時、ソ連は、ICBMの実験には成功したものの実戦配備可能な開発が遅れており、米国への核攻撃には、爆撃機か潜水艦を使わなければいけなかったといわれている)。自国の裏庭に本土を射程に収めるミサイルを配備された米国では、ジョン・F・ケネディ大統領が演説で国民に対してソ連のミサイルがキューバに配備されたことを告げ(一〇月二二日)、米軍の警戒態勢を準戦時体制のデフコン2に引き上げた(一〇月二六日)。さらに、U‐2偵察機がキューバ上空でソ連製の地対空ミサイルによって撃墜され、核魚雷を搭載したソ連の潜水艦B‐59が米軍から機雷攻撃を受け、潜水艦隊参謀の強い反対がなければ核魚雷が発射されていたかもしれないという、核戦争一歩手前の危機に両国のみならず世界は直面することになった。

この危機は、米国がトルコからジュピター・ミサイルを引き上げることを条件に、ソ連がキューバへのミサイル配備を撤回することで合意し回避された。米ソが核軍備競争を繰り広げる状態は、「ダモクレスの剣」(2)と揶揄されるように、一つ間違えば米ソの間に核戦争が勃発しかねない状況であった。キューバ危機の回避を機に、両者の誤解を避けるために両国首脳間でホットラインが設置されるなど、緊張緩和(デタント)に向けた機運も高まっていった。

一方、米ソ英以外の国でも核兵器の開発は進み、核兵器の拡散は進行していった。一九五八年に政権に復帰したドゴール首相のもと、米英ソと一線を画し独自の安全保障政策を追求していたフランスも、一九六〇年二月にサハラ砂漠(現在のアルジェリア)において核実験(プルトニウム爆弾を使用)に成功した。

中国では、米国が日本に対して原爆を使用した当初から、毛沢東は核兵器の保有を強く願っていたといわれる。朝鮮戦争において米国から核攻撃を示唆された毛沢東は、ソ連に対して核兵器に関する技術協力を要請し、いったんは断られている。しかしその後ソ連は核技術の提供に踏み切り、研究開発が進められた。一九六〇年、フルシチョフの西側との平和共存路線を中国が批判したことで、中ソ両国の対立は決定的になり、ソ連は中国に対する核兵器関連の技術の提供を拒否、技術者を中国から引き上げさせた。しかし、中国は、「たとえズボンははかなくても原爆は作る」(陳毅外交部長の一九六三年一〇月の発言)との決意通り、東京オリンピック開催中の一九六四年一〇月一六日、新疆ウイグル地区ロプノール湖の核実験場において原爆の実験を成功させた。同時に、弾道ミサイル「東風二号A」の開発も進めており、ほどなくこれに核弾頭を搭載し、核実験場の上空で爆破させることに成功している。

このように核兵器開発が広がりを見せ、また米ソ間の核戦争のリスクが高まる中、米ソの間には核兵器の拡散を食い止めるべきとの認識が共有されるようになった。その中で、一九六三年に部分的核実験禁止条約(PTBT)(3)を成立させたが、これは米ソが冷戦の中で軍拡競争を繰り広げる一方で、同時に核拡散に対して共同歩調をとった結果実現したものであった。しかし、PTBT成立からわずか一年余りで中国が核実験を初めて成功させたことは、このような米ソ主導の核不拡散の試みの限界を示すものでもあった。

2 原子力の平和利用の拡大

核分裂という現象の応用研究は、米国においてはマンハッタン計画以来軍事的な側面が先行し、発電やその他の平和利用の研究は軍事研究の傍らで進められる程度であった。平和利用面においては、むしろ他の核技術保有国が先行していた。

英国は、一九五三年五月にプルトニウムの生産と、原子炉の運転による熱によってボイラーで蒸気を発生させることで発電するという軍民両用のコールダーホール型原子炉の建設を発表した。さらに、一九五四年一月には、原子力公社を設立することにより、これまで軍需主導であった核計画を、軍事利用と民生利用に分離し、より積極的に原子力を活用する政策を打ち出した。コールダーホール発電所(九万二〇〇〇キロワット)は、一九五六年一〇月に運転が開始された。

ソ連では、一九五四年六月、ソ連科学アカデミーが五パーセントの濃縮ウランを燃料とした黒鉛減速・軽水冷却方式の原子炉を設置した発電所(五〇〇〇キロワット)の操業を開始した。これは世界初の原子力発電所であった。

ヨーロッパでは、欧州石炭鉄鋼共同体に加盟するフランス、イタリア、西ドイツ、ベルギー、オランダ、ルクセンブルクの六か国が、一九五七年三月に原子力の分野においても共同でその利用を進めることを目的として欧州原子力共同体(ユーラトム：EURATOM)条約を締結し、一九五八年一月にユーラトムを発足させた。

こうした動きがある中で、一九五三年一二月、当時の米国大統領ドワイド・アイゼンハワーは、国連第八回総会において「平和のための原子力(Atoms for Peace)」と題する演説を行った。これは、米ソ間での核開発競争が激化し、核戦争の危険が高まっているという認識が広がる中で、国際社会が核兵器の恐怖を取り除き、核の技術によってもたらされる便益を共有し平和のために活用するべきという理念と構想を打ち出すものであった。

この演説の背景には、ソ連や英国が核の軍事利用以外の計画、すなわち発電用原子炉の計画を打ち出し、その競争で後れを取るのではないかという米国の懸念も存在した。そこで米国は、一九五四年六月三〇日に改正原子力法を成立させ、従来、核技術の独占と優越を維持するために原子力委員会のもとで国家が原子力研究・開発を独占し軍事利用を優先させてきた方針を転換し、民間企業にも原子力技術、施設、核物質の扱いを許可、また外国との協力のための協定の締結を原子力委員会に認めることなどが定められた。そして、一九五七年一二月にシッピングポートにおいて加圧水型の軽水炉を利用した原子力発電所(六万キロワット)の運転を開始した。

また、米国は対外的にも原子力協力を強化していく。日米を含め、一九五五年のトルコを手始めに数年間のうちに次々と原子力協力協定を締結し、その数は五〇か国以上にものぼった。一九六〇年代後半までには、米国が原子力の平和利用の分野においては圧倒的な優位を確立し、濃縮ウラン供給能力を背景に海外へ軽水炉を売り込んだ。また、米国に対抗するように、ソ連も一九五五年には中国など共産圏の国々と原子力協力協定を締結した。このような原子力協力は、国際社会における核技術の拡散、すなわち核兵器拡散のリスクを高める一因ともなった。

2　条約における不拡散義務の確立

1　交渉入りの経緯

核兵器の開発競争や原子力の平和利用に向けた動きが進む一方、核兵器の拡散を懸念し、それを阻止する国際社会の動きも同時に出てきた。こうした核不拡散の動きは、核兵器が使用された直後から見られた。

一九四六年一月の国連総会決議第一号は、核を国際的な管理の下に置くための国連原子力委員会の設置と、核兵器および大量破壊が可能なすべての兵器の廃絶を目指すことを内容とするものであった。この決議を受けて一九四六年六月に開かれた第一回国連原子力委員会で、米国の代表バルークは、国際原子力開発機関(IADA)を設け、核兵器の研究はIADAのもとで独占的に行われ、またIADAはウランなどの管理を行うといった事項を含む、いわゆる「バルーク案」を提案した。この案は、核を国際的な共同管理のもとに置くことを謳ったが、同時にそのような体制が整うまで米国が核を管理するというものであった。米国の真意は、核の独占をできるだけ長く維持するというところにあった。

これに対し、すでに核開発を進めていたソ連は、グロムイコ外相が一九四六年六月に原子力兵器禁止案を、一九四七年には原子力の国際管理案の対案を示し、米国による独占を阻止しようとした。

一九五三年のアイゼンハワー大統領による「平和のための原子力」演説は、核の国際管理のための国際的な機関の設立を訴えた。演説では、国家間の合意を通じて核軍事力増強の傾向を反転させ、原子力を、人類すべてに利益をもたらす普遍的かつ効率的で経済的な用途に活用するべきとの理念が示された。またその手段として、国際的な原子力機関に対し、各国は自らの備蓄の中から許容できる範囲内で保有するウラン及び核分裂性物質を寄付し、この国際機関が核分裂性物質等の保管、貯蔵、および防護の責任を持つこと、そしてこれらの核分裂性物質が人類の平和の希求のために役立てられるようにすること、すなわち、電力の不足している地域に原子力による電力を供給すること、その他農業、医療などの平和的な用途のために活用することが提案された。この構想は、一九五七年の国際原子力機関(ＩＡＥＡ)の設立となって実現した。

東西冷戦が激化する中で、一九五二年に国連総会によって軍縮委員会の設置が決議され、その中で通常兵器、核兵器を含むあらゆる軍備に関する包括的な軍縮(全面軍縮)が議論されるようになった。一九五九年には、全面完全軍縮を最終的な目標と確認する国連総会決議が可決されている。一九五九年九月、米国、英国、フランス、ソ連の共同コミュニケにより、国連枠外の軍縮交渉の場として東西両陣営からそれぞれ五か国が参加する「一〇ヵ国軍縮委員会」がジュネーブに設置された。この一〇ヵ国軍縮委員会は一九六二年に「一八ヵ国軍縮委員会」となり、ＮＰＴ交渉の舞台になった(4)。

全面完全軍縮が議論される一方で、特に核兵器の拡散を防止するための国際的な取り決めの必要性が、一九五〇年代後半から次第に議論されるようになった。一九五〇年代後半から一九六〇年代初めにかけて、ポーランド、アイルランド、スウェーデンが相次いで国連に対して核兵器の不拡散を求める決議案を提出した。これらのイニシアティブは、非核兵器国の側から核兵器の拡散を防止することを趣旨とした決議案が提出されたという点では重要な意味を持った。

これらの核兵器の拡散防止の決議案がヨーロッパの非核兵器国から出されてきた背景には、ヨーロッパ地域における米ソの核競争、特に米国による西ドイツへの核兵器の配備の決定などの問題があった。当時、米ソ両国は、北大西洋条約機構(NATO)の多角的核戦力(MLF)構想をめぐって鋭く対立していた。MLFは、アイゼンハワー政権時代に構想として持ち上がり、一九六〇年一二月に、正式にNATO閣僚理事会で提案された。米国が中距離弾道ミサイル「ポラリス」を搭載する原子力潜水艦と水上艦から成る艦隊を創設し、NATO各国の要員から構成される乗組員で運用するという提案で、米国とヨーロッパのNATO加盟国が核兵器を共有しようという構想である。ソ連をはじめとする東側諸国にとっては、西ドイツが核兵器「保有」に一段と近づくことになる構想は受け入れがたいものであった。全面軍縮の交渉に進展が見られない一方で、ヨーロッパにおける核をめぐる緊張が高まった。ここで核兵器の拡散を放置すれば核戦争が勃発する危険はさらに高まり、究極の目標としての全面軍縮の実現も困難になるとの考えから、ヨーロッパの非核保有国から核不拡散を求める意見が表明されるようになった。

ポーランドのラパツキー外相が一九五七年に国連総会で行った一般演説では、ヨーロッパの核をめぐる国際環境の悪化を指摘し、東西両ドイツにおける核兵器の生産および貯蔵の禁止の実施を訴え、実現のあかつきにはポーランドも同様の禁止を行う用意があると述べた。翌年には、東西ドイツに、ポーランド、チェコスロバキアを加えた領域で、域内国が核兵器を製造・維持・輸入しない義務、配備を許可しない義務などを負い、核兵器国はその領域内の国家に駐留する軍隊に核兵器を配備しない義務を負うといった内容の提案を各国に送付した。これに対して西側諸国は、ソ連をはじめとするワルシャワ条約機構軍の通常戦力における優位性を理由に、西側が戦力の均衡を図るには戦術核兵器に依存せざるを得ないとし、提案に反対の意向を示した。

また、アイルランドは、一九五八年九月の国連総会において核兵器の保有を、現在核兵器を保有している「核クラブ」のメンバーに限定することは、「核クラブ」のメンバーの利益になるだけでなく、すべての国の利益となると述べ、そのための国際協定の必要性を主張した。その翌月の国連第一委員会では、核兵器の拡散の危険性を研究し、これらの危険を防ぐための適切な措置を勧告するアドホック委員会の設置を求める決議案を提出した。アイルランドが決議案を提出した目的は、核兵器の拡散の危険性を知らしめることであった。そのため、それに関する第二項を分離した形で投票に付すことを求め、賛成三七、反対〇、棄権四四で採択されたが、アイルランド自身が国際社会に核兵器拡散の危険を認知させるというその目的を達したとして決議案を撤回している。アイルランドは、その後も一九五九年、一九六〇年の国連総会に核拡散の防止に関する決議案を提出した。一九五九年の決議案は、賛成六八、反対〇、棄権一二(フランス、ソ連、東欧諸国を含む)で採択された。また、一九六〇年の決議案では、日本もメキシコ、モロッコ、ガーナと共に共同提案国に名を連ねた。

核兵器の不拡散に関する条約の本格交渉への機運は、一九六一年一二月の国連総会における「アイルランド決議(国連総会決議一六六五(XVI))」の採択により高まることになった。同決議は、三つの点でその後の核不拡散・核軍縮をめぐる国際社会のあり方を規定することになった。第一に、核兵器の不拡散に関する条約における基本的な原則の確立である。その第一項で「すべての国家、特に核兵器を現在所有している国家に対し、核兵器国は核兵器を所有していない国に対して核兵器の管理を移譲せず、またはそれらの製造に必要な情報を与えないことを約束する諸条項、並びに核兵器を所有していない国家は核兵器を製造せず、または他の方法で核兵器の管理を取得しないことを約束する諸条項を含んだ国際協定の締結を確保するためあらゆる努力を傾注するよう要請する」と、核兵器の拡散を規制する協定の中核となる考え方を示している。すなわち、核兵器国は管理の移譲も含めいかなる形でも非核兵器国による核兵器の保有を手助けしないこと、非核兵器国も、いかなる形でも核兵器の管理を獲得しないことを求めたのである。この決議案は、全会一致で採択され、これによって、現在のNPTで中核となる核兵器不拡散の概念が確立されたといえる。同年には、スウェーデンも決議案を提出し、採択された（一六六四（XVI））が、こちらは、アイルランド決議の内容に加え、非核兵器国が核兵器を自国に配備させない義務についても言及している。(5)

第二に、条約の交渉における核兵器国のイニシアティブの確立である。アイルランド決議では、国際協定締結に向けた努力をすべての国に求めてはいるが、特に核兵器国の努力を強調している。提案国のアイルランド自身、交渉の開始を核兵器国にゆだね、非核兵器国は核兵器国間で合意された協定に加入するという手順を想定している。すなわち、核不拡散のための国際的な協定作りは、核兵器国が主導することとされたのである。この点、ポーランド案やスウェーデン案が、非核兵器国の安全保障を中心に考え、交渉に参画することを想定していたのとは異なっている。

第三に、上記の点とも関連してくるが、このように核兵器に係る安全保障のあり方を規定する核不拡散に関する国際的な協定作りを核兵器国の手にゆだねたことにより、それ以降の国際安全保障秩序は、核兵器の国際安全保障上の価値を前提としたものとなったのである。その結果、核兵器とその不拡散は、国際政治における権威、威信、パワーを構造的に規定することになった（Alastair Buchan, ed., *A World of*

Nuclear Powers?, 1996, p. 4)。

2　核不拡散義務

その後の交渉の進展を促したのは、核をめぐる国際安全保障環境の悪化であった。一九六〇年のフランスによる初の核実験、一九六二年のキューバ危機、一九六四年の中国による初の核実験と、核兵器の拡散と核戦争のリスクは目に見える形で広がりを見せた。また、一九六四年から一九六五年にかけて、原子力の平和利用の面でも大きな変化があった。それは、一九六四年一月の米国のニュージャージ州オイスター・クリークの発電所の入札で、ゼネラル・エレクトリック社が従来の火力をおさえて沸騰水型軽水炉の受注に成功したことである。これは、商業用原子炉が軌道に乗り始めるきっかけとなった。それ以降、米国は国際市場にも売り込みをかけていくことになるのだが、民生用原子炉の普及を通じた原子力技術の拡散は、同時に潜在的な核兵器能力の拡散にもつながりかねない。核兵器の拡散が加速されかねない状況の中で、米国やソ連は核兵器拡散の歯止めに取り組む必要が出てきたと言えよう。

一九六五年八月になって、第八次一八ヵ国軍縮委員会に米国がＮＰＴ草案を提出した。一方ソ連は、翌月に開催された国連第二〇回総会に条約の草案を提出した。しかし、米国とソ連は、ＭＬＦ構想に絡み、核兵器の「管理」をめぐって対立した。両草案とも、核兵器の拡散防止に関する核兵器国の義務を定めた第一条と、非核兵器国の義務を定めた第二条が中心となっている。米国の草案の第一条は、「本条約の締約国たる核保有国は、直接的に、または軍事同盟を通じて間接的に、核兵器を非核保有国の国家管理に移譲しないことを約束する。また、核保有国は、核兵器を使用する独立の権能を有する国および他の機構の総数を増加せしめるようないかなるその他の行動もとらないことを約束する」とある。これは、個々の国家による核兵器の新たな保有は禁じられるが、「他の機構」を通じてであれば、あるいは、米国が核兵器使用の決定権・拒否権を持っている限りは、非核兵器国の核の管理や使用への関与を否定しないことを意味する。(6) これに対してソ連の草案では、新たな核兵器の保有を禁止する主体の対象に、国家だけでなく国家群や軍事同盟の指揮下にある軍隊または軍人を含めるなど、明らかにMLFを意識した内容であった。そのうえ、核兵器の配備並びに使用に関する管理の禁止にまで踏み込んでおり、これは事実上同盟、すなわちNATO諸国への核配備も禁止するものとなっていた。

一九六五年ごろ、米国では、このMLFと核不拡散の優先順位をめぐって、MLFを推進する立場の国務省と、核不拡散を重視する国防総省および軍備管理軍縮局の間で対立が存在していた。しかし、その年末にかけてロバート・マクナマラ国防長官の核戦力を検討するための特別委員会をNATOに設置するという提案をもとにMLFを棚上げする動きが進んだ。一二月の米国のリンドン・ジョンソン大統領と西ドイツのルードヴィヒ・エアハルト首相の会談では、西ドイツをはじめとするNATO諸国の核防衛における適切な役割について同意されたが、それは事実上MLFの棚上げを意味するものであった。

その後一九六六年に米国が提出した修正案は、ソ連側の提案に歩み寄りを示したものの、引き続き、西ドイツへの核戦力運用の関与の余地を示す表現が残っており、対立は解消しなかった。しかし、米国では、一九六六年五月、大統領に対して核拡散防止問題の早期解決に向けた取り組みを促す「パストーリ決議」が上院で満場一致で可決された。MLFの実現に必要な、核兵器の管理を他国に移譲することを可能にするための一九五四年原子力法の改正は取り上げられず、ここに米国国内におけるMLFと核不拡散の優先順位が明確に示されることになったのである。一〇月には国連総会出席のために訪米したソ連のアンドレイ・グロムイコ外相がジョンソン大統領、ディーン・ラスク国務長官と会談を重ね、一一月の国連総会本会議において米ソを共同提案国とするＮＰＴの早期締結を要請する決議が採択された。

一九六七年四月には、米国はＮＡＴＯの理事会において米国がソ連との間でＮＰＴの草案作成をすることで同意を取り付け、米ソの交渉の結果、八月には、米ソ両国が同一の条約案をそれぞれ個別にではあるが一八ヵ国軍縮委員会に提出した(7)。この同一条約案によって、核兵器国の不拡散義務を定めた第一条、非核兵器国の核兵器取得の禁止を定めた第二条が確定することになった。第一条は、核兵器国に対して核兵器もしくは他の核爆発装置及びそれらの管理を直接または間接を問わずいかなる受領者に対しても移譲しないこと、ならびにいかなる非核兵器国に対しても、核兵器もしくは他の核爆発装置、またはこのような兵器や爆発装置の管理を製造、その他の方法により取得することについて、援助せず、奨励せず、または勧誘しないことを規定した。そして、第二条は非核兵器国が、核兵器その他の核爆発装置を製造せずまたはその他の方法によって取得しないこと、核兵器国に援助などを求めないことを規定した。

なお、これらの条文については、米ソが拒んだために修正は実現しなかったが、いくつかの問題点が非核兵器国側から指摘されている。例えば、すでに核兵器を保有している国による更なる核兵器の製造や運搬手段の生産、すなわち垂直拡散の問題がインドから提起された。インド、スウェーデンは、核兵器の開発につながる核実験の包括的な禁止や軍事用核分裂性物質の生産停止を提案した。

また、「核兵器その他の核爆発装置を製造せずまたはその他の方法によって取得しない」ことは、核兵器の開発・製造の長い過程においてどの段階までの活動が規制の対象となるのかについてのやり取りもあった。条約成立時の解釈については、スイス政府と米国政府の間のやり取りがある。スイス政府は、覚書の中で、ウランの濃縮、核分裂性物質の貯蔵、プルトニウム燃料の動力炉、高速増殖炉[8]などは、第三条に規定されている保障措置のもとにある限り、第二条の違反にはあたらないということの確認を求めている。これに対し、米国政府の回答もそれを認めている。しかし、七〇年代になってインドの核実験や、米ソ以外の国による原子力輸出の動きが活発になる中で、米国はウラン濃縮やプルトニウム抽出のための再処理技術などの輸出を規制する方向に政策を転換していく。[9]

3 保障措置をめぐって

条約の第一条、第二条で規定された核兵器不拡散の義務が条約の最も中核をなすものであるとすると、その締約国、特に非核兵器国の負う義務を遵守することを担保するための措置が、第三条に定められている保障措置(safeguards)であるといえよう。

保障措置とは、原子力の平和利用を促進するために、原子力の破壊的利用を査察やその他の手段によって防止することを意味するが、これは、一九四五年一一月の米国、英国、カナダの三か国共同宣言ではじめて言及された。一九五三年の「平和のための原子力」演説以降、米国の政策転換に促されるように国際的に原子力の利用が拡大した。当初は、このような国際協力の中で、平和目的の原子力の提供が軍事転用されないようにするための保障措置は、供給国が受領国に対して二国間ベースで実施していた。

しかし、一九五七年にＩＡＥＡが設立されると、保障措置はＩＡＥＡの任務として規定されることになった。ＩＡＥＡは、「全世界における平和、保健及び繁栄に対する原子力の貢献を促進し、及び増大する」こと、および「機関がみずから提供し、その要請により提供され、又はその監督下若しくは管理下において提供された援助がいずれかの軍事的目的を助長するような方法で利用されないことを確保」(ＩＡＥＡ憲章第二条)することを目的とし、そのために保障措置を実施することを任務とする(ＩＡＥＡ憲章第三条五項)。

ＮＰＴ第三条一項は、締約国である非核兵器国に対し、「原子力が平和的利用から核兵器その他の核爆発装置に転用されることを防止するため」に核不拡散義務の履行を確認する手段としてＩＡＥＡの保障措置を受諾することを求めている。ＩＡＥＡは、ＮＰＴの規定に従った保障措置の実施のため、一九七一年に「核兵器不拡散条約に関連して要求されるＩＡＥＡと国家との間の協定の構成と内容」(INFCIRC/153. いわゆる保障措置協定のモデル協定)という文書を作成した。(10)

このような保障措置のあり方が決まるまでの交渉過程では、紆余曲折があった。米ソが一九六七年八月に提出した草案は、査察・保障措置について言及されるはずの第三条の「国際管理」が空白になっており、初めてその内容が提示されたのは、一九六八年一月の修正条約草案であった。論点は、当時、ヨーロッパに誕生しつつあったユーラトムの保障措置をＩＡＥＡと同等の保障措置として認めるかどうかであった。ユーラトムの保障措置の適用を認める米国、および西ドイツに対し、ソ連は、ユーラトムがＮＡＴＯの軍事ブロック内部の閉鎖的な組織であって、ユーラトムの管理は額面通りに受け取れないとして強硬に反対した。また、アラブ連合やスウェーデンなども、適用される保障措置はＩＡＥＡの保障措置制度で統一すべきであると主張した。また、スウェーデンは、非核兵器国のみならず、(実質的な義務はそれほど強くはないものの）核兵器国にも保障措置を適用するべきとの内容を含む、第三条の提案を行った。

これに対しＮＡＴＯは、一〇月の理事会で、査察は核分裂性物質だけに限り、研究開発、原子炉の建設・運転には行われない、ユーラトムとＩＡＥＡの間で協定を締結する、ユーラトムの管理権限の承認は期限付きであってはならない、といった内容の要求を出してきた。

結局、ＮＰＴ第三条四項は、「国際原子力機関憲章に従い、個々に又は他の国と共同して国際原子力機関と協定を締結するものとする」とされ、ＩＡＥＡの統一的な保障措置を原則とするものの、ユーラトムの役割とそのもとでの保障措置についても一定程度認めることになった。なお、この保障措置をめぐる議論は、その後の再検討プロセスにおいても保障措置の「標準化」および「普遍化」の課題として引き継がれることになる。また、この保障措置による核不拡散義務の担保は、ＮＰＴ非締約国における拡散の問題、核兵器国の条約義務の遵守の検証、INFCIRC/153型の包括的保障措置協定において、すべての物質が本当に申告されたかどうか（申告の「完全性」[11]）を検証することができるかどうかなど、いくつかの課題を残すことになった[12]。

この一九六八年一月の第一次修正条約草案によって、第一条、第二条それぞれにおける核兵器国、非核兵器国の核不拡散義務と、第三条における非核兵器国の義務履行を担保する保障措置という根幹の部分が固まった。これらは、それ以降、六月の国連での採択に至るまでの間に行われた累次の条文の修正作業でも手が加えられることはなかった。

3 「グランド・バーゲン」の形成

条約は、一九六八年一月に第一次修正草案が示され、一八ヵ国軍縮委員会での議論を経て三月に第二次修正草案が示された。それをもとにした条約の最終的な審議は、同委員会閉会後、一九六八年四月から六月にかけて開催された再開第二二回国連総会にて行われた。七月一日に署名のために開放、一九七〇年三月五日に発効したが[13]、米国から一九六八年一月に草案が提示されてからそれまでの間にいくつかの重要な点について交渉が行われた。その中には、原子力の平和利用に関する取極め（第四条）、核兵器国の核軍縮義務（第六条）、条約の有効期限、再検討会議の開催（第一〇条）などが含まれる。

条約の成立過程において、核兵器国と非核兵器国は、いくつかの政治的な取引をしている。第二条において求められている非核兵器国の不拡散義務は、この条約に入らなければ得ることが可能であったかもしれない利益を失わせることになるため、非核兵器国は、それを補うための何らかの補償があってしかるべきと考えた。そのため、その不利益を緩和し、負うべき義務との間でバランスをとる措置が必要であった。それらの措置とは、第一に、非核兵器国が核兵器の保有を禁じられることによって生じる、核兵器国に対する安全保障上の不利益の緩和措置である。非核兵器国は、核兵器の保有を諦める。したがってそのような不平等な状態を解消させるために、核兵器国は核兵器の廃絶に向けて誠実に交渉する義務を負う。これが、第六条における核軍縮義務である。

そして、核技術の平和利用については、それを奪い得ない権利と規定し、国際社会でその便益を広く共有するため国際協力を進めることを約束する、というものである。これが第四条に規定されている原子力の平和利用に関する規定である。この、核兵器国が核不拡散義務と引き換えに核軍縮に取り組むこと、そして原子力の平和利用の促進に取り組むという政治的な取引をNPTの「グランド・バーゲン」と呼び、条約の存在を肯定するうえで最も基本的な政治構造をなしているといえる。

1 原子力の平和利用

第四条に規定されている原子力の平和利用については、核の技術の持つ汎用性のため、核兵器の拡散を規制した場合にその取り扱いが焦点となるのは当然であった。米ソが示した第一次草案では当初、条約のいかなる規定も原子力の平和利用に関する奪い得ない権利、および原子力の平和利用のための情報の最大限の交換に参加し原子力の平和利用の発展に貢献する権利に影響を及ぼしてはならないとされ、主として国家による原子力の平和利用の権利が存在することの確認に重点が置かれていた。

これに対して、一九六七年九月、メキシコは、条約がなければ行うことができた一定の活動、すなわち核兵器の開発や保有を永久に放棄する代償として、それらの活動から得ることができたかもしれない科学的・技術的利益を受け取る権利を主張し、そのために、核兵器国をはじめとする貢献する立場にある当事国(技術を提供する能力のある国)は、非核兵器国における原子力の平和的応用の一層の発展のために寄与する義務を負うべきであり、平和利用における協力を法的な義務と定めるよう、条文の修正を主張した。この主張は、米国、ソ連により受け入れられるものとはならなかったが、一九六八年一月の修正において一定程度の影響を持ち、第二項に定める原子力の平和利用のための情報に関し、「交換することを容易にすることを約束」するとの文言が追加された。さらに、法的な義務にはならなかったものの「貢献することに協力する」との表現で原子力技術の応用の発展のために核兵器国の関与を強める試みがなされた。

一九六八年五月、国連総会における、最後となる交渉の中で提出された第三次修正案では、途上国、特にラテンアメリカ諸国の取り込み、アフリカ諸国の切り崩しを狙って、さらに情報の交換だけでなく、設備、資材も交換の対象に含めることとし、また、「世界の発展途上にある地域の必要に妥当な考慮を払って」との文言を追加し、途上国への配慮を強調するものとなった。

第二条の非核兵器国の核兵器の不拡散義務と、第四条の原子力の平和利用の推進は、条約交渉の過程においては、第三条の保障措置義務を介して両立が可能なものとして考えられていた。しかし、原子力技術の利用が各国に広がるようになると、NPT非締約国であるインドの核実験に象徴されるように、IAEAの保障措置および既存のNPTの規定だけでは核拡散を阻止することが困難であると考えられるようになった。原子力供給国グループ(NSG)は、一九七四年のインドの核実験に触発され、米国が翌年に他の原子力輸出の能力を持ちそうな七か国に呼びかけ、原子力輸出の条件としての包括的保障措置の受諾などのガイドラインを策定することを目指した。第一回会合の開催場所にちなんで名づけられた「ロンドン・ガイドライン」は、一九七八年にIAEA文書として公開された。

２　平和的核爆発

条約交渉過程の中で原子力の平和利用に関するいくつかの対立する論点が浮上したが、その中で特に核不拡散の実効性について考える上であいまいな問題として存在したのが「平和的核爆発」である。[14] 平和的核爆発は、一九六六年に米国が提出した修正案まで条約の草案では触れられていなかった。しかし、同年八月になって米国は、平和目的の核爆発に必要な装置の開発を認めれば、NPTは効果がなくなるため非核兵器国によるそれらの開発を認めるべきではないとし、NPTは、核兵器に加え「その他の核爆発装置」についても規制の対象とすべきであると主張するようになった。この主張は、翌年米ソが提出した同一草案に反映されることになったが、これに強く反対したのが、インドとブラジルである。インドは、核エネルギーが平和目的のみに利用されなければならないことには同意しつつ、条約は核兵器の拡散のみを扱うべきで、平和目的の爆発装置は取り扱うべきではないと主張した。核爆発という科学的現象としてはなんら違いのない核兵器の爆発と平和的核爆発を政治的な意図から区別をすべきとの主張である。

また、ブラジルは、核兵器を取得する意図はないと述べつつ、核兵器国が大規模な土木工事のような非軍事的目的にも利用可能な核爆発の技術を独占すべきではないと、開発の視点から疑問を投げかけた。他方で、核兵器および戦争に反対する科学者による国際会議のパグウォッシュ会議は、一九六七年九月の会議で、平和的核爆発の潜在的利益は小さく、軍備管理・軍縮の進展と衝突するのであれば、それを停止するべきであると評価した。結局この問題は、第五条において「核爆発のあらゆる平和的応用から生ずることのある利益」を非核兵器国が適当な国際機関を通じて享受できることを規定することによって一応の合意を見ることになった。

NPTに加入しない道を選んだインドは、一九七四年に平和的核爆発と称し核実験を実施した。

3　核軍縮

核軍縮と核不拡散の関係は、一九六五年のＮＰＴの交渉開始当初から大きなテーマであった。一九六五年五月の一八ヵ国軍縮委員会でインドが行った提案は、核兵器国が核兵器を他国に移譲しないことや、非核兵器国に対し核兵器を使用しないこと、包括的核実験禁止、核兵器と運搬手段の生産凍結と既存のストックパイル(備蓄)の大幅な削減を含む軍縮に向けての具体的な進展などを定めた「部分的条約」を作り、その実施のための措置が取られた後に非核兵器国が核兵器を製造しないという不拡散義務を含む「包括的条約」を作るべきであるというものであった。すなわち、核不拡散義務の前提として核軍縮義務を位置づけていた。

スウェーデンは、核兵器国と非核兵器国の義務および安全保障への影響における公平性を重視し、包括的核実験禁止、軍事用核分裂性物質の生産停止、核兵器の拡散を防止するための協定の三つをパッケージとして扱うことを提案した。

イタリアは、ソ連が公正な核兵器不拡散条約に反対していること、より包括的な条約を望む声があることなどを理由に、非核兵器国は核武装を一定期間自主的に放棄するというモラトリアムを設定し、その間に核兵器の拡散を防止し、核軍備競争を停止し核兵器を削減するための国際協定への進展が見られたかどうかで、モラトリアムの延長を決めるべきとの提案を行った。[15]

一九六五年八月に発表された一八ヵ国軍縮委員会に参加している非同盟八か国による覚書でも、軍拡を停止させ核軍縮(核兵器、運搬手段の廃棄など)を進めるための具体的な措置が核不拡散と結びつけられるか、それに引き続いて行われるものでなければならないとし、核不拡散自体を目的とするのではなく、核軍縮という目的に向けたステップと位置づけた。

これらの提案はいずれも、順番をどう位置づけるかは別にして、核軍縮と核不拡散を相互的に位置づけることを主張している。これらの主張が反映され、一九六五年一一月に、国連は第二〇回国連総会において総会決議二〇二八(XX)を採択し、その中でNPT交渉の諸原則の一つとして「全面完全軍縮、そして特に核軍縮の達成に向けての措置でなければならない」という文言が盛り込まれた。

これに対して核兵器国は、核不拡散と核軍縮のための措置を一つのパッケージとして盛り込むことには一貫して反対であった。その理由は、第一に、条約の交渉がより複雑になり、合意形成が困難になることである。米国は、可能な時に可能なところで合意を進めるべきであると主張した。第二に、核不拡散は主として非核兵器国の安全保障を強化するものであって、非核兵器国のみが一方的に不拡散の義務を負うわけではない、むしろ、核不拡散によって非核兵器国はより大きな安全保障上の利益を獲得するのであるというものであった。核兵器が拡散すれば、核軍縮どころではなくなる。したがって、核軍縮とは別に核兵器の拡散を防止するための措置が必要であるとの論理である。このような論理は、米国、ソ連とも共有するものであった。一九六五年八月に提示された米国の条約案も、一九六五年九月に提示されたソ連の条約案も、ともに全面完全軍縮あるいは核軍縮については前文において触れているのみで本文中に核軍縮の規定は含まれなかった。

このような対立を解決する策として浮上したのが、核不拡散の条約とともに、核軍縮を実施する意図を宣言するという方式である。一九六六年八月に出された非同盟八か国による覚書は、「個々の軍縮措置は条約の中にその規定の一部として、あるいは意図の宣言として具体化されうる」と、意図の宣言によって軍縮問題を扱う方式に言及している。翌年春に開催された一八ヵ国軍縮委員会では、このような意図の宣言を条約に含めるという方式がブラジルやメキシコなどから提案され、アラブ連合、カナダらが支持し、核兵器国でも英国がこれを支持した。核兵器不拡散に関する条約の成立を当面の目標としつつ、その中で核軍縮の進展を担保するための措置として意図の宣言を行うという方向が見えてきた。

こうした方向性が明確になる一方で、一九六七年八月に米ソがそれぞれ提出した同一条約案には、核軍縮に関する規定は含まれていなかった。米国は説明の中で、条約に再検討(review＝現在では「運用検討」という訳も公的な文書を中心に広がっている)の項目を入れたのは、軍縮措置の問題と関連しており、すなわち条約の目的の達成に向けての措置が再検討会議の中で検討されるが、それと組み合わせることが軍縮へのより現実的なアプローチであるとの説明を行っている。しかし、この条約案は多くの批判を浴びることとなった。その中でメキシコは、核兵器不拡散の条約で個々の軍縮措置を規定することは、条約そのものに反対するに等しいと、それが実現困難な提案であるという認識を示し、しかしその一方で、核兵器国が将来核軍縮に関する協定を締結することを現実に約束することはできないまでも、そのために誠実に交渉を開始し継続することを約束することは可能である、と、現在の条約の第六条の基礎となる考え方を示した。これに対しては、アラブ連合、スウェーデンなどが支持を表明した。

このような非核兵器国の意向を受け、一九六八年一月に提出された第一次修正条約草案では、新しい第六条として、「各締約国は、核軍備競争の停止及び軍備縮小に関する効果的な措置につき、並びに厳重かつ効果的な国際管理の下における全面的かつ完全な軍備縮小に関する条約について、誠実に交渉を行うことを約束する」との条文が挿入された。この条文の提案では、メキシコ案に含まれていた個々の軍縮措置（例えばすべての核実験の禁止や核兵器の製造禁止など）の例示が削除された点、主語が核兵器国ではなく、各締約国となっていて非核兵器国にも広がっている点などがメキシコが提案した案文とは異なっていた。しかし、この修正案は、インド、ルーマニア、ブラジル、スペインなど数か国の反対にあったものの、多くの国から支持され、三月にはいくつかの修正要求を入れた第二次草案が提出されるに至った。第二次草案で修正された箇所は、以下の傍点を付した部分である。「各締約国は、核軍備競争の早期の停止及び核軍備縮小に関する効果的な措置につき、並びに厳重かつ効果的な国際管理の下における全面的かつ完全な軍備縮小に関する条約について、誠実に交渉を行うことを約束する」。

　その結果、条約の交渉における大きな問題の一つは解決されたが、他方で核軍縮をどのように進めるのかという点については、いくつかの重要な課題が残された。第一に、条約の本文に規定されなかったことは、核兵器国による核の独占を恒久化すること、そしてその結果として逆に核軍縮の進展を妨げることにつながりかねない。第二に、第六条の義務は、核軍備競争の早期の停止、核軍縮に関する効果的な措置、および軍縮に関する条約について「誠実に交渉を行うこと」であって、それらを実施するところまでは含まれていない。確かに、現在では国際司法裁判所（ＩＣＪ）の一九九六年の勧告的意見が示すように、誠実に交渉を行う義務には、合意に達する目的を持ち、交渉を完結させる義務までを含むと解されるようになってきている。しかし、当時は必ずしも合意に達する義務までを含むというコンセンサスは存在していなかった。

４　非核兵器国の安全保証

この核軍縮と並んで非核兵器国にとって大きな不満となったのが、非核兵器国の安全保証(security assurances)の問題である。(16) 核兵器を保有することによって得られる安全保障上のメリットは限りなく大きい。裏を返せば、ＮＰＴが、核兵器を保有する国と保有しない国の区別(差別)を固定化することで、非核兵器国が常に安全保障面で劣位に立たされることになるのである。こうした非核兵器国の懸念に対して、核兵器国は条約の条文の中でこれに対処することを否定した。

一九六六年二月、ソ連のコスイギン首相は、一八ヵ国軍縮委員会に書簡を送り、その中で、非核兵器国でその領土内に核兵器を持たない国に対して、条約に核兵器不使用条項を含める用意があると提案した。しかしながら、実際に米ソ両国から提出された条約の草案は、この非核兵器国の安全保証問題に関する規定が盛り込まれず、その後の修正に際しても条文化がなされることはなかった。一九六八年の一八ヵ国軍縮委員会では、ルーマニア、アラブ連合、インドなどが条文の新設を主張した。

これに対し、核兵器国は、非核兵器国の安全保証の条文化には強く反対した。三月七日、米国は、非核兵器国の安全保証を条文に含める代わりに、非核兵器国の安全保証に関する安全保障理事会決議案とこれに対応する核兵器国の宣言案を提示し、ソ連、英国はそれを支持した。その四日後に米ソから示された条約の第二次修正草案は、核軍縮に関する規定が新たに第六条として盛り込まれたものの、非核兵器国の安全保証については、盛り込まれることはなく、一四日には一八ヵ国軍縮委員会は国連総会に対する報告書を採択して閉幕した。非核兵器国の安全保証の問題は、四月からの国連総会に持ち越されることになったのである。

一九六八年四月二四日に再開された国連総会は、冒頭、米国、英国、ソ連を含む二〇か国の共同提案で条約の早期採択を求める決議案が上程される一方、非核兵器国からは、核兵器国による核軍縮規定、非核兵器国の安全保証、原子力の平和利用における不平等性などをめぐって第二次修正草案に対する不満が表明された。特に、非核兵器国の安全保証の問題については、アフリカ、中南米諸国を中心に安保理決議では不十分であるとの強い不満が表明され、核兵器国からはそれに対する反論がなされた。

総会決議の持つ道義的拘束力を得るために賛成を一〇〇票以上獲得したい核兵器国は、この事態を打開するため、五月末になって第三次修正草案を提示した。主要な修正は、条約の前項で「核軍備の縮小の方向で効果的な措置をとる意図」、および「武力による威嚇又は武力の行使を、いかなる国の領土保全又は政治的独立に対するものも」慎むべきとの規定が挿入されたこと、平和利用における国際協力についても特に途上国の要請に配慮した書きぶりに改められたことなどであった。これらの修正は新たに条約案を支持する国を増やすことになり、アフリカからナイジェリアなど三か国が、中南米からは一三か国が共同提案国に加わった。しかしながら、六月に入って国連総会第一委員会(六月一〇日)、引き続いて総会(六月一二日)でそれぞれ採択されたNPT推奨決議では、アフリカ諸国からの賛成が増えず、賛成国数は、一〇〇を割ってしまった。

非核兵器国の安全保証の問題については、米英ソの要請に基づき、安全保障理事会は非核兵器国への安全保証の問題について審議を行った。その結果、次のような内容の安保理決議二五五が六月一九日に採択された(なお、それに先立ち、米英ソは同内容の「核兵器国宣言」を出している)。

核兵器の使用を伴ういかなる侵略もすべての国の平和と安全を危うくするものであることに留意して、

1　非核兵器国に対する核兵器による侵略又はそのような侵略の威嚇により、安全保障理事会、特に核兵器国であるその常任理事国が国際連合憲章の下におけるこれらの国の義務に従って直ちに行動しなければならない事態が生ずることとなることを認める。

2　核兵器の使用を伴う侵略行為の犠牲又はそのような侵略の威嚇の対象となった核兵器の不拡散に関する条約の当事国である非核兵器国に対して、国連憲章に従って直ちに援助を提供し又は支持する旨を表明したある国の意図を歓迎する。

3　国際連合加盟国に対して武力攻撃が発生した場合には、安全保障理事会が国際の平和及び安全の維持に必要な措置を執るまでの間、特に国際連合憲章第五一条において認められた個別的集団的自衛の固有の権利を再確認する。

しかし、この非核兵器国の安全保証の問題は、そもそも条約とパッケージになっているとはいえ、別の安保理決議および米英ソの政治的な宣言によって担保されているにすぎない。しかもその内容も、核兵器による侵略への対応に安保理の承認が求められるということは、当時でいえば、拒否権を持つ核兵器国が常任理事国である以上、安保理の承認を得ることはほぼ不可能であるという状況であったこと(ただし、中国の代表権は引き続き中華民国にあった)などから、非核兵器国にとって必ずしも満足のいく内容ではなかったといえよう。

このように、核軍縮および非核兵器国の安全保証の問題については、多くの対立の火種を残したままの採択となった。

4　条約の成立と課題

1　条約の発効と普遍化の問題

ＮＰＴ推奨決議案は、一九六八年六月一二日、国連総会において賛成九五票、反対四票、棄権二一票、欠席四で採択された。同年七月一日には、ＮＰＴは寄託国である米国、英国、ソ連のそれぞれの首都で署名のために開放された。同日署名したのは、米英ソを含め五九か国であった。一八ヵ国軍縮委員会のメンバーの中では、ビルマ、ブラジル、インドが署名せず、日本やユーラトム諸国の多くも署名しなかった。その後、主たる非核兵器国では、西ドイツが一九六九年一一月、日本が一九七〇年二月に条約に署名した。その頃には条約署名国は一〇〇か国を超え、批准国も発効に必要な四〇か国を超えた。英国は一九六八年一一月に批准、米国とソ連は一九七〇年三月五日に批准し、それによって条約は発効した。

現在では、北朝鮮による二〇〇三年の脱退宣言を有効と認めるか否かによって異なるが、その北朝鮮を含めると二〇一四年末現在一九〇か国が締約国となっており、ＮＰＴは国連憲章に次いで締約国の多い国際条約となっている。しかしながら、インド、パキスタン、イスラエルという核兵器を保有している国々がＮＰＴ未加入であることは、ＮＰＴの目的の一つである核の究極的な廃絶にとって大きな障害となっている。第九条にある核兵器国の定義ゆえに、これらの国はＮＰＴへの加入にあたっては非核兵器国であることが義務づけられているが、そのような条件は容易には受け入れられないであろう。また、北朝鮮と合わせ、これらの国々の属する地域の安全保障環境が不安定なことが、核不拡散、核軍縮に大きな影を落としている。したがって、地域の安全保障問題は、核軍縮と密接にかかわりあっている。このことは、中東の非核化、イスラエルのＮＰＴ加入問題に関する決議が、一九九五年のＮＰＴの無期限延長にあたってのバーゲンの中に組み込まれたことからもうかがい知ることができる。

2　再検討プロセスと無期限延長の問題

一九七〇年に発効したＮＰＴは、その発効までの経緯からわかるように、非核兵器国側が強い不平等感を抱えたままの船出となった。非核兵器国による核不拡散上の義務に比べ、核兵器国による核軍縮（あるいは垂直方向の不拡散）の義務は、それについて「誠実に交渉」する義務を負うというものであった。一九九六年の国際司法裁判所（ＩＣＪ）による勧告的意見では、「誠実に交渉」する義務には、ただ単に交渉を行っていればよいということではなく、交渉を完結させる義務を負うという判断が裁判官全員の一致で示されてはいるが、にもかかわらずＮＰＴ上の義務としては、第二条、第三条に比べると弱いものであるといわざるを得ない。その一方で、第九条によって一九六七年一月一日前に核兵器その他の核爆発装置を製造しかつ爆発させた国を核兵器国と定義し、核兵器の保有を許されない非核兵器国との間に明確な線引きがなされることによって不平等性が固定化された。

このような核兵器国と非核兵器国の間の対立や不平等性を解消していくことは、非核兵器国にとって重要な問題となった。それらについて議論し、条約の履行、とりわけ核軍縮を核不拡散とともに進めていくこと確認するための機会として五年に一度の再検討会議の開催が規定された（第八条）。また、条約発効の二五年後に、条約を存続させるかどうか、それ自体を改めて議論し決定することが条約に盛り込まれた（第一〇条）。

この条約の延長を決める一九九五年のＮＰＴ再検討・延長会議は、冷戦の終焉という大きな国際環境の変化の中で開かれることになった。冷戦後、米ソ（ロ）の核戦争の脅威は遠のき、一九九一年に南アフリカが核兵器を廃棄し非核兵器国としてＮＰＴに加入、また一九九二年にフランスと中国というＮＰＴ加入を拒み続けてきた核兵器国も条約に加入、さらに締約国数も一七〇か国以上に増えていた。その一方、湾岸戦争後に入った査察によって露見したイラクの核開発や、北朝鮮の核開発問題が持ち上がり、核拡散の懸念が高まってきていた。このような、平和の配当としての核軍縮への期待の高まりと、核拡散の懸念の交錯する中で、条約の発効から二五年になる一九九五年、再検討・延長会議が開催され、条約の延長について議論が繰り広げられた。

第一〇条の規定は、条約の延長にあたって、①無期限延長、②一定期間の一回延長、③一定期間の複数回延長、の三つの選択肢を提示するものと理解された。このうち、条約の終了につながる②の選択肢は除外され、①と、③の二五年の延長後、多数国が反対しない限りさらに二五年間延長するという提案が対立した。③を支持する国々は、無期限延長によって、核兵器国と非核兵器国の不平等な立場が固定化されることを懸念した。結果的には、無期限延長を支持する国が圧倒的多数を占め、ＮＰＴは無期限延長されることとなったが、それが決して容易に実現したわけではないことに留意しなければならない。

無期限延長は、「再検討プロセスの強化」と「核不拡散および核軍縮のための原則と目標」[17]という二つの決定、および中東の非大量破壊兵器地帯についての討議とイスラエルのNPT加入を促す「中東決議」と合わせて、議長提案として採決なしのコンセンサスで採択された[18]。

再検討プロセスの強化に関する決定は、再検討会議を五年ごとに開催すること、再検討会議の前の三年間に一〇業務日の会期で準備委員会を開催することが制度化された。また、再検討会議、および準備委員会に、核軍縮、核不拡散、原子力の平和利用の三本柱についてそれぞれ検討する三つの主要委員会(main committee)の構成を維持し、それぞれの委員会の下に、「条約に関連する特定の問題について集中的な検討を加える」ために補助機関(subsidiary body)を設置することを、準備委員会が再検討会議に対して勧告できることが定められた。

再検討会議の任務としては、見直しだけでなく将来も見ていく(looks forward as well as back)とされ、過去五年間の検討期間の成果に対する評価だけでなく、条約の履行の強化と普遍性のために締約国が取るべき措置についても議論することが明記された。また、準備委員会の機能と運営が定義され、従来の手続き事項に加え、実質事項(条約の完全な履行と普遍性のための原則と目標および方策)について再検討会議に対して勧告もできるようになった。

中東決議の重要性も忘れてはならない。中東においては、アラブ諸国にとって、NPT未加入で核兵器を保有するとされるイスラエルとの対立が安全保障上、政治上の大きな懸念であった。また、アラブ諸国はそのイスラエルに対する米国など欧米の核兵器国の姿勢にも不満を抱いており、中東の非核兵器化への取り組みを強く求めた。その結果、核兵器およびその他の大量破壊兵器(当時アラブ諸国の中には化学兵器を保有する国もあった)を禁止する非核兵器・非大量破壊兵器地帯を中東に設立することを目指す決議を採択した。

イスラエルの核問題を理由に最後までＮＰＴの無期限延長に抵抗したエジプトなどは、中東決議の採択なしにはコンセンサスでの無期限延長の決定に加わらなかったであろう。そのことを考えると、無期限延長は、核軍縮と核不拡散への取り組みを強化すること、それによって核兵器国がＮＰＴに内在する不平等性の緩和に真摯に取り組む姿勢を示すこととパッケージになってはじめて実現したということができよう。その意味では、核不拡散義務、核軍縮への誠実な交渉、原子力の平和利用の奪い得ない権利の間の「グランド・バーゲン」と同様、無期限延長以降のＮＰＴの一体性を担保するための新たなバーゲンであるという見方もできよう。

（1）なお、アインシュタインは、マンハッタン計画には参加せず、計画の設立当初には実際に計画が立ち上がったかどうかも知らされていなかった。
（2）一九六一年、ケネディ大統領が行った国連演説の中で、国際社会が常に核戦争の脅威にさらされている状態を、ギリシャ神話に喩えたもの。元のエピソードは以下のとおりである。シラクサの僭主・ディオニュシオスの廷臣ダモクレスは、ディオニュシオスの持つ権力と栄華に、私もそのような暮らしをしてみたいと述べたところ、後日、僭主から豪華な食事に招かれる。しかし、ダモクレスがふと頭上を見上げると、天井から今にも切れそうな細い馬の尾の毛で、剣が吊るされており、ダモクレスの羨む僭主の立場が、常に命の危険と隣り合わせであることを示した。
（3）大気圏内、宇宙空間、水中での核実験を禁止する条約。ただし、地下での実験は禁止されていない。中国、フランスは署名していない。

（4）この「一八ヵ国軍縮委員会」は、改組を経て現在「ジュネーブ軍縮会議（ＣＤ）」となった。ＣＤは、軍縮に関する多国間交渉を行う唯一の機関とされている。

（5）なお、「核兵器国」「非核兵器国」という用語は、一九六六年三月の米国による条約修正案に初めて登場する。時系列的にいえば、ここでは実際の議論においてそのような表現は使用されていないが、表現上便宜的にこれらの用語を使用することとする。

（6）なお、米国が「他の機構」として想定するのは、ヨーロッパにおける国家統合の進展により、英国、フランスに代わり、統合された欧州連合のような組織体が核兵器使用に関する独立の権限を持つ場合であり、それは権限の移譲ではなく継承であるとの理解を提示した。

（7）なお、米ソの交渉の裏で、西ドイツは強い反発を示した。非核兵器国の核兵器国に対する脆弱性は、他国との統合核戦力で補うのが適切とＭＬＦにこだわる姿勢を示し、また、ＮＰＴは原子力の平和利用の制限にもつながりかねないと主張した。西ドイツのキージンガー首相（当時）は、一九六七年二月の講演で、「西側同盟が存在し、敵対する関係もある中、その頂点では、ある種の核に関する共同謀議、核に関する共通の責務が出来上がっており、それが敵対するものをますます緊密にさせている」と米ソ両国を非難した。

（8）核兵器の取得に至るまでの段階としては、核爆発を引き起こす核分裂性物質（ウラン235やプルトニウム239）を製造・移譲・購入などによって獲得すること、この核分裂性物質を格納する弾頭や、起爆装置を開発すること、ミサイルや爆撃機のような運搬手段を獲得することなどの段階を踏む必要がある。

（9）これらの技術の獲得は、核分裂性物質である高濃縮ウランやプルトニウム239を製造する能力を意味する。

（10）そもそも、ＩＡＥＡの保障措置には、ＮＰＴとは関係なく、二国間原子力協定等に基づき、核物質または原子力資機材を受領する国がＩＡＥＡとの間で締結する、当該二国間で移転された核物質または原子力資機材のみを対象としたINFCIRC/66型の保障措置があった。しかし、現在、INFCIRC/66を締結しているのは、ＮＰＴの非締約国のみである。

（11）申告の「完全性」とは、当該国の核物質すべてが申告され、申告漏れがないことを意味する。保障措置では、この申告の「完全性」とともに、「正確性」、すなわち、申告に間違いがないかどうかを検認する。

(12) これは、一九九〇年代初めに、湾岸戦争後のイラクにおける査察において、秘密の核開発計画が暴露され、北朝鮮における核開発が顕在化する中で問題意識が高まり、保障措置協定の追加議定書(INFCIRC/540)の策定につながる。

(13) なお日本は、一九七〇年二月に署名し、一九七六年六月に批准している。

(14) ソ連やエジプトなどで大規模な土木工事等での使用が検討されたことがあるが、いずれも実施にはうつされていない。

(15) 一九六三年の部分的核実験禁止には含まれていなかった地下核実験の禁止も含まれる。

(16) Security は通常「安全保障」と訳されており、それでいくと security assurance は、厳密には「安全保障の保証」と訳すことになるが、ここでは、訳語としては「安全保証」を使用する。

(17) 一九九六年までの包括的核実験禁止条約(CTBT)の交渉完了とそれまでの核実験の最大限の抑制、核兵器用核分裂性物質生産禁止条約(カットオフ条約、FMCT)交渉の即時開始と早期妥結、核兵器国による究極的廃絶を目標とした核軍縮努力などを含む。

(18) NPT第一〇条では、条約の無期限もしくは一定期間の延長の可否は締約国の過半数による議決で行うことが規定されているが、決定の重要性に鑑み、コンセンサスによる決定が追求された。

第二章　再検討プロセスにおけるグループ・ポリティックス

西田　充

はじめに

核兵器不拡散条約（ＮＰＴ）における再検討プロセスとは、五年に一度開催される再検討会議と、同会議に至るまでの直前の三年間に開催される三回の準備委員会を合わせた全体のプロセスを指す。そもそも再検討会議の制度がＮＰＴに組み込まれたのは、ＮＰＴにおける締約国間の条約上の権利義務関係に一定の不平等性があるとの認識に端を発している。

ＮＰＴは、条約が成立した時点で核兵器を保有していた米国、ロシア、英国、フランス、中国の五か国[(1)]にのみ核兵器の保有を認め、その他の締約国には認めていない。前者は「核兵器国」、後者は「非核兵器国」と呼ばれている。この点において、ＮＰＴは、差別的構造を内包しており、国際社会における平等な主権国家で構成される通常の条約と異なっている。

ＮＰＴの交渉過程をみると、五核兵器国のみに核兵器保有という特権的権利を認めるいわば代償として、それら五か国には核軍縮を進める義務が課せられることとなった。第六条の核軍縮義務といわれるものである。厳密には、五核兵器国には第六条に基づいて具体的な核軍縮措置義務が課せられている訳ではなく、条文上は、たんに「誠実な核軍縮交渉」義務が課せられているに過ぎない(2)。しかし、だからこそ、五核兵器国が核軍縮を実際に進めているのかを定期的に確認する必要があるとの考え方から、第八条三項に五年に一度の再検討会議の制度が組み込まれたのである。非核兵器国については、第三条に基づいて国際原子力機関(IAEA)との間で保障措置協定を締結することが求められ、IAEAによる厳格な監視が行われ、核不拡散義務のうち、少なくとも保障措置協定の違反についてはIAEA理事会、更には国連安全保障理事会に報告されるメカニズムがある。これに対して、核兵器国については、この再検討会議が唯一、核兵器国による核軍縮義務の履行状況をチェックするメカニズムとなっている。その意味で、再検討プロセスにおける議論の主な対象は、その成り立ちや条約の構造からして、核兵器国の核軍縮義務の履行状況であり、また、議論の対立構造が「核兵器国対非核兵器国」となる傾向にあることは、自然なことであると言える。

しかし、二〇一五年一月現在、一九〇もの国がNPTの締約国となっており、「五核兵器国」対「残りの一八五の非核兵器国」という単純な対立構造だけで議論が展開していないことも事実である。後述するが、実際には、核兵器国と非核兵器国が混在する「西側グループ」及び「東欧諸国グループ」や、非核兵器国の中でも「非同盟運動(NAM)」「新アジェンダ連合(NAC)」「軍縮・不拡散イニシアティブ(NPDI)」といったさまざまなグループが独自の立場で活動している。後者のうち、NAC及びNPDIは、NPTを中心とする核軍縮・不拡散の文脈のみで活動するグループである。さらに、「欧州連合(EU)」「アラブ連盟」「東南アジア諸国連合(ASEAN)」「アフリカ連合(AU)」といった地域機関を基礎としたグループの活動も活発である。

ＮＰＴにおける議論は、当然ながら国際情勢における各国間の友好関係や対立関係などに大きく影響を受けるものであるが[3]、ＮＰＴ特有のグループの形成やそれらグループ間のダイナミクスを理解しておくことで、ＮＰＴでの議論の背景をより深く理解することができる。本章では、ＮＰＴ締約国の条約上の法的・準公式な区別やＮＰＴにおける主要なグループを紹介しつつ、グループ・ポリティックスを中心に再検討プロセスにおける政治ダイナミズムを概観する。

１　ＮＰＴにおける法的な区別、準公式なグループ分け

上述のとおり、ＮＰＴはその締約国を、米国、ロシア、英国、フランス、中国の「核兵器国」と、その他の「非核兵器国」とに法的に区別している。主に、非核兵器国は、核兵器を保有しないとの核不拡散上の義務を負う一方で、核兵器国は、保有する核兵器を他国に拡散しないという核不拡散上の義務に加えて、保有する核兵器を縮小していくという核軍縮義務を負っている。

ＮＰＴにおける締約国間の法的な区別は、この核兵器国と非核兵器国のみであるが、ＮＰＴを実際に運用するにあたっては、便宜的に「西側グループ（Western Group）」[4]と「東欧諸国グループ（Group of Eastern European States）」[5]、これら二つのグループに属さない諸国で構成される「非同盟及びその他諸国グループ（Group of Non-Aligned and other States）」、いずれのグループにも属さない中国という三つのグループと一か国に分けられている。このグループ分けは、準公式なものと言える。

こうしたグループ分けについては、米ソ二大核超大国の東西対立と、東西いずれにも属さない非同盟運動（NAM）という冷戦期の構造をいまだに引きずっており、冷戦終了後二〇年以上も経つ二一世紀の現代にはふさわしくないとも批判されている。そのような批判はありながらも、この準公式なグループ分けは、主にNPTの再検討プロセスにおける手続き事項で依然として実際に活用されている。特に、NPTの再検討プロセスの議長を決める際に重要な機能を果たしている。たとえば、これまでのNPTの歴史において、五年に一度の再検討会議の議長は、常に「非同盟及びその他諸国グループ」メンバー国から選出されてきた。これには、再検討会議の開催がNPTの条文に盛り込まれた経緯からしてNPT第六条の核軍縮義務の履行状況を検討することが最大の目的であることから、かかる再検討会議の議長を核兵器国が務めること、すなわち、核兵器国が属している東西両グループからの議長の選出は必ずしも適切でないとの考え方が背景にある。(6)

この再検討会議の議長選出にあたって、「非同盟及びその他諸国グループ」は、グループ内での衡平性を保つために、一九八〇年の第二回再検討会議以来、同グループを構成しているアフリカ・グループ、アジア・グループ、ラテンアメリカ（ラ米）・グループの三つのサブ・グループによるローテーションを維持している。たとえば、二〇〇〇年再検討会議の議長はアフリカ・グループからアルジェリア、二〇〇五年はラ米・グループからブラジル、二〇一〇年はアジア・グループからフィリピンの大使が選出された。二〇一五年再検討会議の議長については、アフリカ・グループから再びアルジェリアのフェルーキ外務省政務・国際安全保障局長が選出される予定である（二〇一五年一月現在）。

再検討会議の各準備委員会の議長については、西側グループ、東欧諸国グループ及び「非同盟及びその他諸国グループ」の三つのグループから平等に選出されている。その選出方法には、再検討会議の議長を選出する際と類似の考慮が働いている。再検討会議は、主に、条約全体について議論する全体会合と、ＮＰＴの三本柱（核軍縮、核不拡散、原子力の平和利用）の各柱を議論する三つの主要委員会によって構成されている。それぞれの主要委員会は、主に、主要委員会Ⅰでは核軍縮、主要委員会Ⅱでは核不拡散、主要委員会Ⅲでは原子力の平和利用を議論することとされている。また、主要委員会Ⅰの議長は第三回準備委員会の議長が、主要委員会Ⅱの議長は第二回準備委員会の議長が、主要委員会Ⅲの議長は第一回準備委員会の議長がこれまで務めてきた。したがって、主に核軍縮を扱う主要委員会Ⅰの議長を務めることとなる第三回準備委員会の議長は「非同盟及びその他諸国グループ」から選出されてきた。これは、核軍縮義務の履行状況を検討することが主要な目的である再検討会議の議長を、核兵器国が属さない「非同盟及びその他諸国グループ」から選出すべきとの考えと同様の考慮と言える。なお、第一回準備委員会の議長（主要委員会Ⅲの議長）は西側グループから、第二回準備委員会の議長（主要委員会Ⅱの議長）は東欧諸国グループから選出されてきている。再検討会議の議長を含め、これらの選出方法は、二〇〇〇年代の一時期において、「非同盟及びその他諸国グループ」が常に再検討会議の議長ポストを独占すべきでないとして、一部で見直しの議論が行われたことはあるが、その後かかる議論は途絶え、基本的に冷戦期以来のＮＰＴの慣行として定着している。(7)

このほか、たとえば、再検討会議や準備委員会の議題、会議の日程やその運営方針といった手続き事項について、締約国の意思を確認したり、承認を得たりする必要がある場合には、議長は三つのグループ（および中国）を通じて意思確認や承認確保を行う。

三つのグループ分けは冷戦の遺物に過ぎず、時代に即していないとの批判を受けながらも、こうした慣行が現在に至るまで続けられ、予見し得る将来においても維持される可能性が高いのは、一九〇か国にまでのぼった締約国をNPT再検討プロセスの効率的な運営が可能となる三つ程度のグループに分けるとすれば、現行の三グループが依然として、地理的にも、また、安全保障の面でもいまだ一定の利益(冷戦期と比べれば、その程度は低いかもしれないが)を共有しているグループであるからではないかと考えられる。

他方で、再検討プロセスで合意される最終文書やそこに盛り込まれる行動計画といった実質事項に関する交渉については、必ずしもこの三つのグループの間で行われるわけではない。特に、「非同盟及びその他諸国グループ」は実質事項について共通ポジションをとり、実際に共同演説も行うが、西側グループ及び東欧諸国グループは、グループ内に核兵器国が属していることもあって、共通ポジションをとることはない。なお、三つのグループはいずれも再検討会議や準備委員会の期間中、たとえば、週に一、二回程度で定期的に、また、交渉が大詰めの段階に至ればより高い頻度でグループ会合を開催し、現下の状況や見通しについて意見交換を行っている。

2　NPTにおける主要なグループ

前節では、主にNPTの再検討プロセスでの手続き的側面におけるグループ・ポリティックスについて、特に準公式なグループの役割を中心に概観してきたが、本節では、主に実質的側面におけるグループ・ポリティックスについて、上記の三つのグループに加えて、五核兵器国(N5)、新アジェンダ連合(NAC)、軍縮・不拡散イニシアティブ(NPDI)、欧州連合(EU)、アラブ連盟、人道グループなどの成り立ちや各グループの主張を含む活動について紹介する。

1 西側グループ

西側グループは、上記のとおり、議長選出プロセスといった手続き面では活用されているが、実質面では、NPTで共同演説を行うといった共通ポジションをとることはなく、主に意見交換の場となっている。なお、英国が、西側グループの調整国を恒久的に務めている。調整国とは、グループ会合開催の日程・場所の調整、グループ会合での進行役、議長選出プロセスといった手続き面において西側グループを代表して、議長からの書簡受領・議長への書簡発出といった任務を担っている。

2 東欧諸国グループ

東欧諸国グループの活動状況も、上述した西側グループと同様である。調整国は、参加国がローテーションで務めている。

3 「非同盟及びその他諸国グループ」と非同盟運動

NPTの準公式なグループとしての「非同盟及びその他諸国グループ」は、通常、非同盟運動(NAM：Non-Aligned Movement)と呼ばれているが、本来のNAMはもともとNPTが成立する以前から、冷戦下において東西ブロックのいずれにも属さない国々が結成したグループであり、両者のメンバー構成には違いがある。たとえば、NPTでは、必ずしも（本来の）NAMメンバー国のすべてがNPTの締約国ではない（たとえば、インドやパキスタン）。また、（本来の）NAMではオブザーバー国であるが、東西いずれのグループにも属さないアルゼンチン、ブラジル、メキシコといったラ米諸国などがこのグループに属している。「非同盟及びその他諸国グループ」は、NPT締約国である（本来の）NAMメンバー国およびそのオブザーバー国を含め、東西いずれのグループにも属さないその他の締約国で構成されている。

「非同盟及びその他諸国グループ」が基本的に上述したようなNPTの手続き面で活用されるのに対して、NAMは、基本的に実質面において活動していると言える。たとえば、NAMは、毎回の再検討会議およびその準備委員会において、共同演説を行い、また、共同作業文書を提出している。共同演説については、NAMの議長国が実施する場合と、NAMの軍縮作業部会の調整国であるインドネシアが実施する場合がある。二〇一〇年再検討会議で言えば、会議の初日に調整国インドネシアのマルティ・ナタレガワ外相がNAMを代表して共同の一般討論演説を実施している。全体会合の下に設置される三つの主要委員会では、NAMの議長国であるエジプトの大使が共同演説を実施した。また、NAMは、同再検討会議において、二〇二五年までの核兵器廃絶のための行動計画、及び二〇一〇年再検討会議の最終文書に盛り込むべき具体的な文言案に関する二つの作業文書を提出した。二〇一五年再検討プロセスにおいても、NPTの三本柱について多くの作業文書を提出する等、活発な活動を続けている。

NAMの主張の主要点は、大まかに言って、核兵器の廃絶についてたとえば二〇二五年というように具体的な期限を設け、そのための核兵器禁止条約の交渉を即座に開始すべき、核兵器の完全廃絶までの間、核兵器国は非核兵器国に対して核兵器を使用しないとのグローバルで、法的拘束力のある無条件の消極的安全保証を供与すべき、非核兵器国は既に核不拡散義務を果たしているので、核兵器国こそが核軍縮義務を実施すべきであって、非核兵器国に対してこれ以上の核不拡散上の義務を課すべきでない、したがって、ＩＡＥＡによる保障措置能力を強化する追加議定書は義務的なものではなく自発的なものである、といったものである。

ＮＡＭのこうした主張は、核軍縮に向けては段階的なアプローチをとるべきとする核兵器国の主張と相容れないものが多い。また、原理原則的な主張を曲げず柔軟性に欠けるという傾向がある。その背景としては、約一二〇という数多くの国がＮＡＭに参加しているため、核兵器国と軍事同盟を組んでいないという点では共通項があるものの、各メンバー国の立場・見解は多様であり、見かけ以上に、方針変更を含むグループ内の合意形成が容易ではないことが一因としてある。そのような中にあって、ＮＡＭ内の合意形成は、イラン、エジプト、キューバ、ベネズエラといった発言力の強い国が大きな影響力を及ぼしているとみられている。したがって、柔軟な立場をとろうとする国がいたとしても、結局はそれら発言力の強い国の意見に押し切られるか、あるいは、新たな方針をとることに合意が得られないとして、過去に合意された方針を繰り返すことで妥協が図られることが多い。なお、ＮＡＭの中でも、原理原則を主張するだけでなく、より実際的なアプローチをとる国は、他のグループに所属して活動するケースもある（たとえば、フィリピン、アラブ首長国連邦、ナイジェリア、チリはＮＰＤＩにも属している）。

4 新アジェンダ連合

一九九八年六月、アイルランドの首都ダブリンに参集したブラジル、エジプト、アイルランド、メキシコ、ニュージーランド、スロベニア(同年脱退。NATO加盟を望んでいた同国にはさまざまな圧力がかけられたと言われている)、南アフリカ共和国及びスウェーデン(二〇一三年に脱退)の八か国の外相が、核兵器のない世界に向けた核軍縮・不拡散に関する共同声明を発出し、新アジェンダ連合(NAC:New Agenda Coalition)の発足を表明した。ちょうどその直前の五月にインドとパキスタンが核実験を強行したというタイミングでもあったことから、それら核実験に対する危機感もにじませている。

この共同声明では、NACの主張の源流を垣間見ることができる。すなわち、NACに参加した八か国の外相は、同共同声明において、NPT上の五核兵器国及びNPT非締約国である三か国(インド、パキスタン及びイスラエル)が核兵器廃絶に向けた措置をとることを躊躇しているのをこれ以上許容できないと強い不満を示した上で、今すぐに核兵器の完全廃絶のための措置をとるよう要求した。そのために、まずは、核兵器を廃絶するとの「明確な約束(unequivocal undertaking)」を行うよう求めた。この「明確な約束」という文言は、後述するとおり、二年後の二〇〇〇年NPT再検討会議で合意された最終文書でのキーワードとなる。

NACは、核兵器国に対して、こうした「明確な約束」を行った上で、戦略兵器削減条約(START)の更なる発展(将来的なプロセスの多国間化、弾頭の解体など)、核兵器の警戒態勢の解除、包括的核実験禁止条約(CTBT)への早期かつ無条件の署名・批准、核兵器用核分裂性物質生産禁止条約(FMCT)交渉の早期開始といった実践的な核軍縮措置をとることを求めた。さらに、核物質の管理といった核不拡散措置の実施、最初に核兵器を使用しないとの核兵器国間での法的拘束力のある文書（先行不使用：no first use）や非核兵器国に対して核兵器を使用しないとの法的拘束力のある文書（消極的安全保証）の策定も求めた。(9)

それまでのＮＰＴでの議論は、主に核兵器の即時完全廃絶とそれに対する反発といった原理原則的な議論に集中していた。それに対し、ＮＡＣの主眼は、まず核兵器国に核兵器廃絶への「明確な約束」をさせた上で、そこから逆算して、実践的な核軍縮・不拡散措置としてどのようなものがあるか、といったことに議論の重心を移行させることにあったといえよう。このような思考プロセスを経たものを核兵器廃絶に向けた「新しいアジェンダ」として出す、そのことが「新アジェンダ連合」というグループ名の由来と考えられる。核軍縮の世界においても、冷戦崩壊という現実の国際社会の地殻変動を踏まえて、議論を活性化させることを狙ったものであろう。

実際、ＮＡＣの出現は、核軍縮の世界において一種の旋風を巻き起こした。原理原則的な立場に固執した結果、柔軟性に欠けるＮＡＭに取って代わって、核兵器国との交渉を担えるグループとしての地位を目指し、発足からわずか二年の二〇〇〇年ＮＰＴ再検討会議では、核軍縮を中心とした最終文書をめぐる交渉の最終段階において、ＮＡＣ七カ国は、舞台裏で五核兵器国との直接交渉に持ち込むことができた。ＮＡＣは一般的に急進的なグループと見られているが、上述の設立時のコンセプトや具体的な提言を踏まえると、原理原則的な主張のみを行うグループではなく、交渉の相手足り得るということが核兵器国にも認識されていたものと思われる。

交渉の結果、ＮＡＣ設立時の共同声明に明記された、核兵器廃絶に向けた「明確な約束」を含む、核軍縮に関する一三措置(一般的に、「一三項目」あるいは「一三ステップ」とも呼ばれている)の合意にこぎつけることができた。この一三措置は、その後二〇一〇年再検討会議で新たな行動計画が合意されるまでの一〇年間、NPTにおける言説のキーワードとなった。

NACは、二〇〇〇年の再検討会議で一躍脚光を浴びた後も、核軍縮における中心的なプレーヤーであり続けた。二〇〇〇年以降もほぼ毎年国連総会に核軍縮に関する決議案を提出し、NPTの準備委員会や再検討会議でも作業文書を提出し続けた。しかし、中東の非大量破壊兵器地帯の実現などを求める一九九五年の中東決議の実施や核軍縮の進展の欠如をめぐって決裂した二〇〇五年再検討会議では、NACは二〇〇〇年再検討会議の時のような交渉の中心的プレーヤーとはなりきれなかった。また、その後も、国連総会決議案や作業文書を提出したり、国連やNPTで共同演説を実施したりし続けたが、中東問題への核兵器国の対応ぶりに強い不満を持つエジプトの影響もあって、NACの主張は従来の核軍縮を中心としたものから、中東問題への不満を強く前面に押し出す傾向が強まった。結果として、二〇一〇年再検討会議でもNACがグループとして五核兵器国と直接交渉を行うだけの役割を演じることはなかった。

このように、二〇〇〇年再検討会議をピークに、NACのグループとしての存在感は徐々に薄れていった。これには、核軍縮のみを扱おうとするNAC内の非西側諸国(エジプト、南ア、ブラジル、メキシコ。エジプトに至っては、核軍縮の重要性は否定しないものの、明らかに中東問題に焦点を置くことを最重要目的としていた)と核不拡散への取組みの重要性にも徐々に理解を深めていったNAC内の西側諸国(アイルランド、ニュージーランド、スウェーデン)の間の基本的なアプローチに相違が生じたことも一因ではないかと考えられる。実際、スウェーデンは、二〇〇六年の政権交代で中道右派政権となったこともあり、NACが核軍縮のみを扱うことに不満を抱き、二〇一三年にNACから脱退した。しかし、NACは、二〇一四年の第三回準備委員会で、核兵器の非人道性に関する共同作業文書やNPT第六条の核軍縮義務における「効果的な措置」に関する共同作業文書を提出する等、再びその存在感を高めつつある。NPT第六条に関する共同作業文書では、核兵器禁止条約に関する四つの類型を示し、今後の議論を促した。なお、NAC設立の共同声明では、上記のとおり、核不拡散についても言及されていた。

5　五核兵器国

冒頭で述べたとおり、「核兵器国」はNPTが条約で法的に核兵器の保有を認めている五つの国を指す。これら五核兵器国（N5）は、上記1〜3のNPTにおける準公式なグループ分けにおいては、米英仏の三か国が西側グループに、また、ロシアが東欧諸国グループに、中国はいずれのグループにも属していない。当然、それぞれの所属するグループでも活動するが、先述のとおり、西側グループと東欧諸国グループは実質面については共通ポジションをとらず主に意見交換の場となっていることから、五か国以外に核兵器の保有を認めないというNPT体制の維持に共通利益を見出している五核兵器国としては、実質面での共通ポジションを打ち出し、NPTでの議論を主導することが重要となっている。

この五核兵器国は、NPTにおいて「P5」と呼称されることが多いが、本来、「P5」とは国連安全保障理事会の常任理事国である五か国を指す呼称である。NPTで核兵器保有を認められている五核兵器国とP5とは現在ではたまたまその構成国が一致しているが、NPTが成立した時点では、現在の台湾である中華民国が常任理事国の座を占めていたことからも分かるとおり、必ずしも両者が一致することを想定して「核兵器国」が定義されたわけではない。さらに今後の安保理改革の行く末次第では、非核兵器国が安保理常任理事国となる可能性もあることから、本来的には両者が一致しなければならないという必然性はない。したがって、本章では、以後、五核兵器国のことを「核兵器国（nuclear-weapon state）」の頭文字のNをとって「N５」と呼称することとする。

ＮＰＴにおいては、条約の性質上、核兵器国に対する核軍縮の要求が議論の中心を占めることから、N５は自ずと交渉の中心に位置することになる。N５としても、非核兵器国からのさまざまな要求に対して一致団結して対処する方が、交渉力がより増すことから、通常、再検討会議では共同声明として発表する共通ポジションで臨むことが多い。これによってN５は、再検討会議における議論の論調を方向づけることをねらっている。

N５は、従来、ＮＰＴ再検討会議における共通ポジションを練り上げるべく非公式の会合を随時開催してきたが、二〇〇九年からはこうした随時の非公式会合とは別に、N５間の透明性と信頼醸成措置について議論するための「N５会合」[10]と称する会合をいわば公式の形で毎年一回定期的に開催してきている。もともと二〇〇九年九月に英国がロンドンで開催した際には、定期化するものとして開催された訳ではないが、ロンドン会合後、二〇一〇年ＮＰＴ再検討会議から一年後の二〇一一年七月にフランス政府がパリで二〇一〇年再検討会議のフォローアップ会合を主催したのに続いて、二〇一二年六月にワシントンＤＣ、二〇一三年四月にジュネーブ（ロシア代表部で開催）、二〇一四年四月に北京で開催され、毎年、N５の間の持ち回りで定期開催されるようになった。二〇一五年二月には一巡して、再びロンドンで開催された。

N5会合では、再検討会議に向けた共通ポジション作りのみならず、中長期的な視点から核軍縮を議論してきている。具体的には、これまでのところ、検証、透明性、核兵器に関する共通の用語集（グロッサリー：Glossary of Key Nuclear Terms）の作成が、N5会合の主要課題となっている。検証とは、核軍縮における検証であり、たとえば、英国がノルウェーと検討を進めている核弾頭の解体プロセスにおける検証のようなことが念頭に置かれている。(11)

透明性に関しては、二〇一〇年再検討会議の結果、N5は「標準報告フォーム」に合意し、それに基づいてN5が保有する核兵器および核軍縮努力について報告することが求められたことを受けて、N5会合では、「標準報告フォーム」の合意に向けて議論が進められた。その結果、N5は、二〇一四年のN5会合で報告のための「共通の枠組み」に合意し、直後に開催された二〇一五年NPT再検討会議の第三回準備委員会でその枠組みに基づいた報告を行った。「共通の枠組み」は必ずしも「標準報告フォーム」といえるものではなく、また、各国の報告の内容は、共通の枠組みに沿ったとはいえ、ばらつきがあったことは否めない。用語集については、中国を議長とする作業部会が設置され、二〇一五年再検討会議に提出すべく議論が進められているところである。

6　軍縮・不拡散イニシアティブ

軍縮・不拡散イニシアティブ（NPDI：Non-Proliferation and Disarmament Initiative）は、日本が豪州とともに、二〇一〇年九月二二日に外相レベルで立ち上げた、現在一二の非核兵器国で構成される地域横断的なグループである。同日の立ち上げ外相会合は、豪州のケビン・ラッド外相(当時)と日本の前原誠司外相(当時)による共同議長の下、ニューヨークの国連総会の機会に豪州代表部で開催され、日豪に加えて八か国(アラブ首長国連邦、オランダ、カナダ、チリ、トルコ、ドイツ、ポーランド、メキシコ)の外相や政府高官が参加した(12)。

日豪が新たなグループを結成した理由のひとつには、NPTにおけるグループ・ポリティックスの比重が高まったことが背景として考えられる。日本は、これまで「唯一の戦争被爆国」として、核軍縮において主に単独で行動してきた。これには、日本には「唯一の戦争被爆国」としての一種のブランドが既にあり、特段他国と組む必要性がなかったこと、また、逆に他国と組むことで独自の主張を行う柔軟性が失われることなどが要因であった。しかし、五核兵器国とNACの直接交渉など、グループ間の交渉が頻繁に行われるに至って、日本国内の有識者の間でもかねてから、たとえば、豪州、カナダ、ドイツなどとグループを形成すべきとの提案も出されるようになっていた。二〇一五年NPT再検討会議は、日本が単独国でなく、グループのメンバー国として臨む初めてのNPT再検討会議となる。

日本が新たなグループを立ち上げるにあたってパートナーとして豪州を選んだのは、次のような背景がある。日本は核軍縮において主に単独で行動してきた訳ではあるが、それでも立場が比較的近い豪州とは、長年にわたって協力関係にあった。たとえば、二〇〇〇年再検討会議では、最終文書で合意すべき八項目提案を日豪共同で行った。国連総会でも、日本が長年提出している核軍縮決議は日豪共同提案という色彩が強かった時期もある。近年では、二〇〇七年一月の四賢人(米国のヘンリー・キッシンジャー元国務長官、ジョージ・シュルツ元国務長官、サム・ナン元上院軍事委員会委員長、ウィリアム・ペリー元国防長官の四人）による『ウォール・ストリート・ジャーナル』紙への「核兵器のない世界」と題した寄稿を節目に核軍縮をめぐる国際的な潮目が変化していた機会を捉えて、二〇〇八年九月二五日に、ギャレス・エバンス元豪外相と川口順子元外相を共同議長とし、主に世界中の元為政者で構成される「核不拡散・核軍縮に関する国際委員会（ＩＣＮＮＤ）」を共同で設置した。ＩＣＮＮＤは、複数回の会合を経て、二〇〇九年一二月、中長期的な核軍縮・不拡散措置に加えて、半年後に控えた二〇一〇年ＮＰＴ再検討会議で合意すべき短期的措置についても提言する報告書を発表した。日豪は、この報告書での提言を踏まえ、二〇一〇年三月、再検討会議で合意すべき事項として、「二〇一〇年ＮＰＴ再検討会議のための実際的な核軍縮・不拡散措置に関する新たなパッケージ」と題した共同の提案を行った。結果的に、同会議は、核軍縮、核不拡散及び原子力の平和利用の三本柱それぞれに関する具体的措置を盛り込んだ「行動計画」に合意した。

ＮＰＤＩは、このような背景の下、従来の日豪の協力を発展させる形で結成されたとも言える。ＮＰＤＩの目的は、当時の共同外相声明の冒頭で言及されているとおり、「（二〇一〇年再検討）会議で得られたコンセンサスの成果（注：すなわち、二〇一〇年行動計画）を前進させ、また、核軍縮・不拡散の議題を相互に強化し合うプロセスとして共同で前進させること」である。また、同共同外相声明は、国際社会の平和と安全の向上のために、「核兵器のない世界」の実現に向けた一里塚として「核リスクの低い世界」という概念を打ち出し、その「核リスクの低い世界」のための具体的かつ実践的な措置のために協同することを決定したと表明した。同共同声明は、核軍縮、核不拡散及び原子力の平和利用それぞれについて、グループ参加国の基本的立場を示した上で、「次のステップ」として、二〇一〇年行動計画の実施へのコミットメントを再確認すること、戦術核を含む核兵器の数の更なる削減と安全保障戦略における核兵器の役割の低減に焦点を当てることを決定すること、二〇一四年の第三回準備委員会で核兵器国が核軍縮実施状況を報告するにあたっての「標準報告フォーム」の策定に貢献すること、CTBTの早期発効促進やFMCTの早期交渉開始を支持すること、追加議定書の普遍化のためにIAEAと協力すること、軍縮不拡散教育を促進することなどを挙げた。

NACと異なる特徴のひとつに、NPDIは、外相会合を定期的に開催し、外相というハイレベルの政治的コミットメントを確保しつつ核軍縮・不拡散を推進している点がある。二〇一〇年九月の第一回外相会合以降、既に、二〇一四年末までに八回もの外相会合を開催し、二〇一〇年行動計画の着実な実施、さらには二〇一五年再検討会議に向けたNPDIとしての提案をまとめるプロセスを外相レベルのコミットメントを確保しながら進めてきた。具体的には、二〇一五年再検討会議の三回の準備委員会を通じて、核軍縮・不拡散に関する主要課題についてNPDIとしての考え方や具体的な提案を盛り込んだ一六本の共同作業文書[13]を提出し、各国・グループに対して働きかけを行っている。

NACと異なるもうひとつの特徴は、そのメンバー構成国の立場の多様性にある。NACは、西側諸国とNAM諸国が参加し、また、地域横断的なメンバー国で構成される点では一定の多様性を兼ね備えているが、メンバー国は核軍縮・不拡散に対する基本的な考え方を共有している。これに対して、NPDIの場合、NACと同様に西側諸国とNAM諸国が参加し、また、地域横断的なメンバー国で構成されている点では共通している。しかし、NACに参加している西側諸国はいずれも核兵器国と同盟していない国であるのに対して、NPDIに参加する西側諸国はいずれも核兵器国との同盟国である。従来、核抑止を前提として現実的アプローチをとる国と核抑止を否定する国とは相容れないことが多かったが、ＮＰＤＩは敢えてそのような国々を結集させたと言える。したがって、論理的にはＮＰＤＩは、ＮＡＣのように先鋭的な主張を行うことは難しい。このため、二〇〇〇年再検討会議の時のＮＡＣのように、核兵器国の直接の交渉相手としての役割を演じるというより、むしろ、ＮＰＤＩの多様性を活かして、ＮＰＤＩで合意できたことを同じくさまざまな締約国で構成されるＮＰＴの再検討会議全体の合意の基礎として提供するという役割を演じることになろうかと期待される。

７　地域グループ

これまで紹介してきたグループは、主に同盟関係やＮＰＴにおける目標といった機能的な観点からＮＰＴの利益を共有する地域横断的なグループであったが、ここでは、地域の観点から結成されているグループを紹介する。

ＮＰＴにおいても、他の国際フォーラムと同様、東南アジア、アフリカ、ラテンアメリカなどのさまざまな地域グループが活動しているが、特筆すべき地域グループとしては、欧州連合（ＥＵ：European Union）、アラブ連盟（League of Arab States）、カリブ共同体（ＣＡＲＩＣＯＭ）と太平洋諸島フォーラム（ＰＩＦ：Pacific Islands Forum）が挙げられる。

ＥＵは、ＮＰＴの毎回の会合において、ＥＵとしての共同演説を行うなど、一般的な意味での共通ポジションを形成して臨んでいる。ＥＵとしての共同作業文書も提出している。ＥＵは、ＮＰＤＩとは異なり西側諸国のみで構成されているが、その構成国の多様性はＮＰＤＩ以上とも言える。ＥＵには、まずもって核兵器国である英国とフランスが加盟している。また、非核兵器国も、北大西洋条約機構（NATO）に加盟し核兵器国である米国の核の拡大抑止（いわゆる「核の傘」）を享受している多くの非核兵器国と、そのような拡大抑止を享受していないアイルランド（NACメンバー国）、スウェーデン（元NACメンバー国）、オーストリアといった非核兵器国とがある。したがって、EUとしての共通ポジションを策定するのに毎回困難を極めている様子が伺える。

EUでは、二〇〇九年一二月に発効したリスボン条約によって、欧州対外行動庁（EEAS）が設置され、それまで以上に共通安全保障外交を推進する体制が整えられた。その結果、EEASは、加盟国の交渉を経て合意された共通ポジションをもって交渉に臨む権限が与えられ、共同演説についても、リスボン条約発効以前はEU議長国を務める国の代表が実施していたが、発効後は、EEASの不拡散・軍縮特別代表が実施するようになった。しかし、EUのこうした共通ポジションは、EU内での厳しい交渉による妥協として生まれることから、実際には、EEASが対外的な交渉に臨んだとしても、EU内での合意に厳しく縛られ、柔軟な交渉を行うことができない場面が多い。したがって、NPTにおいて、グループとしてのEU（EEAS）が、核兵器国との直接の交渉相手となることは困難ではないかと思われる。

アラブ連盟は、一九四五年に発足したアラブ諸国二二か国・機構で構成される地域協力機構であり、[14]NPTにおいても共同演説を行ったり、共同作業文書を提出したりしている。アラブ連盟が特に存在感を発揮しているのは、中東非大量破壊兵器地帯の問題についてである。[15]アラブ諸国は、すべてのアラブ諸国が非核兵器国としてNPTに加入しているにもかかわらず、中東地域で唯一イスラエルがいまだN

ＰＴに加入しないことに対して国際社会の対応が鈍いと感じており、こうした状況に強く反発している。ＮＰＴが発効してからも、アラブ諸国の中には、しばらくＮＰＴに加入していなかった国もあった。そうしたなかでエジプトは、アラブ諸国が率先して自らＮＰＴに加入すればイスラエルを説得する模範となるとの主に核兵器国からの説得に応じ、アラブ諸国にＮＰＴに加入するよう働きかけた。その結果、一九九五年の再検討・延長会議までにほとんどのアラブ諸国がＮＰＴに加入したのである。[16] その一九九五年の再検討・延長会議では、アラブ諸国は当初ＮＰＴの無期限延長に反対していたが、ＮＰＴに加入していない中東諸国に対して即時に加入し、ＩＡＥＡの包括的保障措置を受諾するよう求めるとともに、締約国に対して中東非大量破壊兵器地帯の設立に向けて努力・協力するよう求める中東決議の採択との引き換えに無期限延長に合意した。それにもかかわらず、中東決議の内容について全く進展が見られないことに、アラブ諸国は強い不満を抱いている。アラブ諸国からすれば、特に核兵器国が強く望んだＮＰＴの無期限延長へのコンセンサス合意は、中東決議の採択なしには実現しなかったのであり、その実現のために中東決議の採択を自ら提案したＮＰＴの寄託国である米英露は中東決議の実施に特別な責任を有しているのである。このような背景の下、エジプトを中心にアラブ諸国は、核兵器国、特にＮＰＴの寄託国である米英露の「不作為」を強く批判している。

二〇〇五年再検討会議で実質的な合意が得られずに終わったのにはさまざまな要因があるが、[17] 中東決議の進展の欠如に強い不満を抱いたエジプトが強硬な立場を貫いたことも一因と言われている。また、逆に、ＮＰＴの三本柱について「行動計画」が合意され、近年まれに見る成功と言われる二〇一〇年再検討会議についても、その成功の要因のひとつとして挙げられるのが、中東決議の実施の一環として二〇一二年に中東非大量破壊兵器地帯に関する国際会議（以下、中東会議）を開催することに合意されたことである。この合意は、寄託国とアラブ連盟の直接交渉によって得られたものである。

その後、中東会議がいつまでも開催されない中で、二〇一四年に開催された二〇一五年再検討会議第三回準備委員会では、アラブ連盟は、イラクがアラブ連盟を代表して行った共同演説において、中東会議が開催されないことについて強い不満を表明しつつ、「このまま中東非大量破壊兵器地帯に関する国際会議が開催されない場合には、アラブ諸国は、一九九五年の無期限延長の決定に対する立場を再考することになろう」と強い警告を発し、NPT史上最も重要な決定に疑義を示した。この発言の意味について問われたイラクの外交官は、一九九五年の中東決議や二〇〇〇年及び二〇一〇年再検討会議の最終文書の実施なしにNPTを永遠に延長することはできない、もし二〇一五年再検討会議の前に同国際会議が開催されないのであれば、アラブ諸国は厳しい措置をとるだろう、と述べている。[18]

このように中東問題は、NPTにおいて、NPTの三本柱である核軍縮、核不拡散、原子力の平和利用という重要課題と匹敵するほどの重要な問題となっており、エジプト主導によるアラブ連盟は一定の存在感を示している。二〇一三年のジュネーブでの第二回準備委員会では、エジプトは中東問題の進展の欠如に対する不満表明として二週目以降の議論をボイコットした。この際には、アラブ連盟としてエジプトのボイコットに追随することはなかったが、今後の動きが注目される。なお、現在、シリアがアラブ連盟から資格停止処分を受けており、アラブ諸国内部での対立がアラブ連盟の活動や影響力に何らかの影響があるのか注目される。

カリブ共同体（CARICOM）[19]と太平洋諸島フォーラム（PIF）[20]は、NPTの文脈では、上記二つの地域グループほど活発に活動している訳ではないが、日本との関係では特に放射性物質の輸送問題を共同演説などにおいて継続的に提起してきている。日本は、国内の原子力発電所で生じた使用済み燃料を英国とフランスに再処理委託しており、再処理後に作られたＭＯＸ燃料(プルサーマル用燃料)と高レベル放射性物質(ガラス固化体)を日本に返還するための輸送を行っている。ＣＡＲＩＣＯＭ諸国とＰＩＦ諸国は、その輸送ルートの沿岸国として、輸送国に対して、輸送に関する更なる情報提供を求めてきている。

８「人道グループ」[(21)]

ＮＰＴでは、これまで見てきたとおり、ＮＰＴにおける非公式なグループ分け(西側グループ、東欧諸国グループ、「非同盟及びその他諸国グループ」)、ＮＰＴにおける議論一般について方向性を共有する同志国としてのグループ(ＮＡＭ、ＮＡＣ、Ｎ５、ＮＰＤＩ)、地理的な観点から共通利益を有するグループ(ＥＵ、アラブ連合、ＣＡＲＩＣＯＭ、ＰＩＦ)がある。ここ数年の傾向として、これらの他に、個別の具体的な事項に関する同志国としてのグループが活発に活動している。

その典型例は、近年、核軍縮において新たなうねりを生み出している「人道グループ」と言われるグループである。同グループは、核兵器をめぐるこれまでの議論が安全保障の側面に偏ってきたことが核軍縮の進展の欠如につながっているとして、核兵器がもたらす非人道的な影響に着目することで核軍縮における停滞を打破しようと試みている。

もとより、核兵器がもたらす破壊的な影響については、原子爆弾が広島・長崎に投下された当時から認識されてきている。一九四六年一月に採択された国連総会最初の決議が、核兵器及びその他の大量破壊兵器の廃絶に関する提案を行うことを目的のひとつとする国連原子力委員会の設置であったことは、そのような認識が根底にあったからと考えられる。また、NPTや国連軍縮特別総会の最終文書でもかかる認識が言及されている。日本政府も、従来、被爆の実相を国境と世代を越えて伝えていくことを重要な政策目標としてきており、最近では、「非核特使」「ユース非核特使」の制度構築や被爆証言の多言語化といった取組みを進めている。

しかし、核兵器の破壊的で非人道的な影響が、核兵器をめぐる議論において主流を占めることはなかった。「人道グループ」は、核兵器の非人道性を前面に押し出すことで、そうした状況を変え、核軍縮を一気に進めようと考えている。こうした動きは、先述の二〇〇七年以来の核軍縮に向けた動きを加速化するために、二〇〇九年頃から、スイス外務省が、核兵器廃絶のために国際人道法のアプローチを用いて核兵器を非正当化することができないか、ジェームズ・マーティン不拡散研究センター（CNS）に研究を委託していたことに端を発している。同研究の報告書は、[22]二〇一〇年五月のNPT再検討会議に合わせて公表されている。

同会議の直前の四月二〇日には、ケレンバーガー赤十字国際委員会（ICRC）総裁が、ジュネーブの外交団[23]をICRC本部に招いて行った演説において、核兵器による脅威を削減・削除するための絶好の機会が訪れたとした上で、核兵器の使用に関して、「いかなる核兵器の使用であっても、国際人道法に合致することを想像することは困難である」とのICRCとしての見解を発表した。ICRCは、マルセル・ジュノー博士が最初の外国人医者として原爆投下直後の広島に入った時以来、核兵器とのかかわりを持ち続けてきたが、冷戦の激化とともに、核兵器に関しては沈黙を保っていた。したがって、今回の演説はＩＣＲＣとしてはほぼ初めての実質的内容を伴うものであったと言える。国際人道法の守護者と呼ばれるＩＣＲＣが、核兵器の使用が国際人道法に違反すると断定するまでには至らなくとも、合致することを想像することは困難であると述べたことは、二〇一〇年ＮＰＴ再検討会議を約二週間後に控えたジュネーブの外交団に一定の衝撃をもって受け止められた。

二〇一〇年再検討会議では、そのＩＣＲＣ本部を抱えるスイスが、オーストリアとともに強力な外交活動を展開した結果、同会議で採択された行動計画において、「会議は、核兵器のいかなる使用についても悲惨な非人道的な結末に深い懸念を表明するとともに、いかなる場合であっても、すべての国が国際人道法を含む適用可能な国際法を遵守する必要性を再確認する」との文言が盛り込まれた。

スイスとオーストリアは、同行動計画で核兵器の非人道性が言及されたことをもって満足するのではなく、二〇一五年再検討会議までの三回の準備委員会を含む四年間の再検討プロセスにおいて、そこで合意された文言をさらに発展させるための一連の外交活動を開始した。そのために結成されたグループが一六か国[24]で構成される「人道グループ」である。まず、二〇一二年に開催された第一回の準備委員会で、核兵器の非人道性を訴え、核兵器の非合法化に向けた努力を強化すべきとの共同ステートメント(joint statement)[25]を行った。続いて、二〇一三年三月には、「人道グループ」のメンバー国であるノルウエーが、一二七か国のほか、国際機関や市民社会からの多数の参加を得て、「核兵器の非人道的影響に関する会議(Conference on the Humanitarian Impact of Nuclear Weapons)」を開催した。その後も、「人道グループ」は、ＮＰＴの準備委員会や国連総会第一委員会での共同ステートメントを発表し続けるとともに、第二回(二〇一四年二月、メキシコのナジャリット)、第三回(二〇一四年一二月、オーストリアのウィーン)

の人道会議を開催した。その過程で、二〇一四年一〇月の国連総会第一委員会での共同ステートメントには一五五か国、二〇一四年一二月の第三回会議には二つの核兵器国（米国、英国）を含む一五八か国が参加するまでに至った。

核兵器の非人道性に関する共同ステートメントについては、二〇一三年一〇月の国連総会第一委員会から、「人道グループ」による共同ステートメントに加えて、豪州が主導する共同ステートメントも行われるようになり、二〇一四年一〇月の国連総会第一委員会では二〇か国が同ステートメントに参加した。その結果、「人道グループ」による共同ステートメントと合わせて一七五か国がいずれかの共同ステートメントに参加するまでに至った。日本は、第一回からすべての人道会議に参加し、また、二〇一三年の国連総会第一委員会から、人道グループ主導と豪州主導のいずれの共同演説にも参加している（二〇一四年の国連総会第一委員会では、フィンランドも両方の共同演説に参加した）。

この人道グループは、ＮＡＣやＮＰＤＩほどグループとしての一体性を有している訳ではなく、緩やかな結束で成り立っているグループである。今後どのような戦略をもって、どのような方向性に国際社会を導きたいと考えているのか、現時点では必ずしも明らかではないが、少なくとも、この数年間で、核軍縮における新たなうねりを作り出したことは間違いなく、今後の動きが注目される。

9　警戒態勢解除グループ及びウィーン一〇か国グループ

個別具体的な事項に関する主な同志国グループとしては、「人道グループ」のほか、警戒態勢解除（De-alert）グループとウィーン一〇か国（Vienna Group of Ten）グループがある。

警戒態勢解除グループ[26]は、スイスの主導で結成された。冷戦後二〇年以上を経てもなお多くの核兵器が、指令があれば即時に発射可能な高度警戒態勢にあることは、誤情報による事故や計算違いによる誤断などに基づく発射の危険性を高めてしまうとして、核兵器の高度な警戒態勢を解除することを求めている。警戒態勢解除グループは、もともと国連で活動を開始した。二〇〇七年の国連総会第一委員会に警戒態勢解除を求める最初の国連総会決議案を提出し（賛成一二四、反対三、棄権三四で採択）、二〇〇八年以降は隔年で決議案を提出してきている。ＮＰＴでは二〇一〇年再検討会議で、共同作業文書を提出するとともに、共同演説を実施した。同会議で合意された行動計画においては、核兵器国の反発を受けながらも、核兵器国に対して、「国際的安定及び安全保障を促進する方法で、核兵器システムの運用態勢を更に低減することに関する非核兵器国の正当な関心を検討する」ことを求める文言が合意された。ただし、警戒態勢解除については、二〇〇〇年再検討会議で合意された核軍縮に関する一三措置に既に盛り込まれており、二〇一〇年行動計画には、二〇〇〇年の一三措置になかった「非核兵器国の正当な関心を検討する」といった文言が入ったことから文言上はむしろ後退したとの見方もある。警戒態勢解除グループは、二〇一五年再検討会議に向けた三回の準備委員会でも共同演説を行ったほか、二〇一四年の第三回準備委員会では再び共同作業文書を提出した。なお、ＮＰＤＩも警戒態勢解除に関する共同作業文書を同準備委員会に提出している。

ウィーン一〇か国グループ[27]は、ウィーンで扱われているＮＰＴ関連事項（ＣＴＢＴ、遵守・検証、輸出管理、原子力の平和利用に関する協力、原子力安全、核セキュリティ）に関する同志国グループである。二〇〇〇年再検討会議以来、ほぼ毎年にわたって、それぞれの事項について共同作業文書を提出してきている。

ただし、共同作業文書の提出以外は特段の目立った活動はしていない。

3　グループ・ポリティックスの行方

ＮＰＴでは、発効当初からの核兵器国対非核兵器国という大きな構図の中で、既にＮＡＭや東西グループは存在していたものの、一九九五年の再検討・延長会議頃までは主に個別の主要国の間での議論・交渉で合意が形成されていた。しかし、ＮＡＣが結成された一九九八年頃を境に、Ｎ５が条約上公式に区別された単なるカテゴリー以上に実質的にグループ化し、また、ＮＰＤＩの結成やアラブ連盟の活発化など、グループの存在感とともに、グループ間の議論・交渉の重要性が高まってきている。二〇〇〇年再検討会議でのＮ５とＮＡＣの直接交渉による合意形成はその典型である。その後唯一合意が得られた二〇一〇年再検討会議では、必ずしも特定グループ間の直接交渉で合意が得られた訳ではないが、グループ間の議論・交渉の重要性が低下した訳ではない。

核兵器国対非核兵器国という基本的な構図に当てはめると、Ｎ５対その他のグループ（ＮＡＭ、ＮＡＣ、ＮＰＤＩ、ＥＵ、アラブ連盟、「人道グループ」他）となる。ただし、ＥＵには英仏という核兵器国が存在し、また、グループ内の合意にエネルギーを費やすあまり、実際上の場面では、ＥＵが他のグループとの交渉においてプレーヤーになることは少ない。その他の非核兵器国のグループの中では、ＮＡＭは最大のグループではあるが、上述のとおり、実際には交渉のプレーヤーとなることは少ない。また、アラブ連盟は、主に中東問題に特化している。

したがって、二〇一五年再検討会議を控えた現在、核軍縮における主要なプレーヤーとしては、ＮＡＣ、ＮＰＤＩ、「人道グループ」の動きが注目される。二〇〇〇年再検討会議の頃と比較して、重要な役割を演じるグループが増えたことから、複雑なダイナミクスが生まれると思われる。特に、ＮＰＤＩについては、構成国の半分を占めるメンバー国が核兵器国との同盟国であり、核兵器国とは不必要に対立するのではなく、十分に関与していくべきとの考えを有していることから、必ずしも「核兵器国対非核兵器国」という単純な構図に当てはまるものではない。非核兵器国のみで構成されるグループとして核兵器国に核軍縮を求める立場を維持しつつも、従来の単純な対立構造から、両者の橋渡しをするような役回りも演じることになると考えられる。

さらに興味深いのは、複数のグループに参加している国があることである。特に、メキシコはＮＡＣ、ＮＰＤＩ、「人道グループ」のいずれにも参加している。メキシコがどのような考えでこれら三つのグループに参加し、今後どのような方針で臨もうとしているのかは不明であるが、特に核兵器国との同盟国が参加するＮＰＤＩにおけるメキシコの動きは、ＮＰＤＩの多様性に大きく貢献する反面、ＮＰＤＩの一体性にも影響を及ぼすと思われ、注目される。

ＮＡＣと「人道グループ」のメンバー国の多くも重なっている。ＮＡＣメンバー国のうち、「人道グループ」に参加していないのは、ブラジルのみである。そのブラジルも、「人道グループ」が主導している共同ステートメントには、同共同ステートメントが当初の一六か国以外に広げられた二回目から参加している。そもそも「人道グループ」は緩やかな繋がりのグループであり、共同ステートメントに一五五か国もの国が参加するようになった現在でも、オリジナルの一六か国のみで意思決定を行っているのかは不明であり、何をもって、「人道グループ」に「参加」していると言えるのか、他のグループと比べると分かりにくいところがある。いずれにしても、核軍縮分野で存在感を持つＮＡＣのメンバー国のほとんどが「人道グループ」のオリジナルのメンバー国であることは、今後の「人道グループ」の方向性に大きな影響を与えるものと思われる。他方で、「人道グループ」にも、ＮＰＤＩのように、核兵器国との同盟国であるノルウェー及びデンマークが参加しており、注目される。ただし、これら三か国は、ＮＰＤＩにおける核兵器国との同盟国ほどには核兵器国との関与を重視しているとは思われず、また、「人道グループ」の中で決定的な影響力を有しているとは思われない。

「人道グループ」には、ＮＡＣメンバー国以外にも、ＮＡＭの有力国であり、ＮＡＭの核軍縮作業部会の調整国であるインドネシアも参加しており、将来的なＮＡＭとの連携も考えられる。特に、ＮＡＭが提出し採択された「核軍縮ハイレベル会合のフォローアップ」と題する国連総会決議では、遅くとも二〇一八年までに次回のハイレベル会合を開催することが決定されている。「人道グループ」が、今後の再検討プロセスの議論の結果次第では、このハイレベル会合を何らかの形で活用することも考えられる。

以上、今後の主な展開としては、Ｎ５対ＮＡＣ／ＮＰＤＩ／「人道グループ」という構図の中で、ＮＰＤＩがどの程度橋渡しの役割を演じることができるかが鍵となるのではないか。同時に、同会議の成否に大きな影響を及ぼす中東問題については、主に、米英露三か国の寄託国対アラブ諸国という構図の中で、アラブ連盟などアラブ諸国がどの程度強硬な立場をとるかが注目される。

（1）正確には、「一九六七年一月一日前に核兵器その他の核爆発装置を製造しかつ爆発させた国」（第九条三項）。

（2）ただし、核兵器の威嚇または使用の合法性に関する一九九六年の国際司法裁判所（ＩＣＪ）による勧告的意見は、裁判官全員一致の意見として、第六条に基づく義務は、「誠実な核軍縮交渉」義務のみならず、交渉を「完結させる」義務があるとした。

（3）たとえば、二〇一〇年再検討会議の成功には、オバマ米大統領のプラハ演説による核軍縮に向けた国際的な機運の高まり、新戦略兵器削減条約（新ＳＴＡＲＴ）の交渉に代表される米露関係のリセットに基づく比較的良好な米露関係といった要因が大きく影響したと考えられる。

（4）西側グループには、核兵器国のうち米英仏のほか、ＥＵ諸国や豪州、カナダ、日本、韓国などが所属する。

（5）東欧諸国グループには、ロシアのほか、ベラルーシ、ウクライナ、カザフスタンといった旧ソ連諸国、アルバニア、ルーマニアなどの旧ワルシャワ条約機構加盟国が所属する。ただし、チェコ、ハンガリー、ポーランド、スロバキアなどの同加盟国は、冷戦期には東欧諸国グループに所属していたが、冷戦後に西側グループに移籍した。

（6）再検討会議や準備委員会の議題、日程や予算など、会議の運営に関する事務的なルールや手続きに関する事柄を、ＮＰＴ再検討プロセスの文脈では、手続き事項と呼ぶ。それに対して、核軍縮、核不拡散、原子力の平和利用など条約の内容そのものに関する事柄は、実質事項と呼ぶ。

（7）なお、再検討会議の役職としては、再検討会議議長や主要委員会議長の他に、再検討会議の副議長（西側グループから一〇名、東欧諸国グループから七名、「非同盟及びその他諸国グループ」から一六名、中国から一名の計三四名）、主要委員会の副議長（各主要委員会について、議長ポストを出さない各グループから一名ずつ）、信任状委員会の議長及び副議長（議長は「非同盟及びその他諸国グループ」、副議長は他の二グループから一名ずつ）、起草委員会の議長及び副議長（議長は東欧諸国グループ、副議長は他の二グループから一名ずつ）がある。これら役職を有する国で構成される「ビューロー」が、再検討会議を運営する。

（8）現在、一二〇か国及び一七のオブザーバー国によって構成されている。ＮＡＭには、軍縮を全般的に扱う作業部会が設置されており、インドネシアが調整国を恒久的に務めている。本来、NAMは、NPTのみならず、さまざまな分野を幅広く扱うグループであるので、NAMの下にさまざまな作業部会が設置されている。軍縮に関する作業部会は、NPTのみならず、軍縮・国際安全保障を扱う国連総会第一委員会や、国連軍縮委員会といったフォーラムでも活動している。NAMの議長国は三年ごとに交代しており、現在の議長国は、二〇一二年から二〇一五年までの任期でイランが務めている。また、前議長国、現議長国及び次期議長国の三か国で構成される議長トロイカで活動することもある。

（9）first use とは、核兵器による攻撃を受けていないのに、先に核兵器を使用することである。この場合、核兵器の使用は、武力紛争勃発の前後を問わない。このような核兵器の使用をしないことを、no first use という。no first use は、「先制不使用」あるいは「第一不使用」と訳されることもある。しかし、「先制不使用」では、核による先制攻撃を行わないことに限定していると誤解されるおそれがあるため、それを含むより広い概念として、ここでは「先行不使用」という訳語を当てることにする。

（10）N5は、同会合を P5 Conference と自称している。

（11）なお、二〇一四年一二月、米国は非核兵器国も関与できるような核軍縮の検証のための国際的パートナーシップの立ち上げを発表した。

（12）二〇一三年九月の外相会合で、ナイジェリアとフィリピンが新たに参加したことから、二〇一五年一月現在では一二か国のグループとなっている。

（13）「核軍縮の透明性」「核兵器用核分裂性物質生産禁止条約（FMCT）」「IAEA追加議定書」「軍縮不拡散教育」（以上、二〇一二年の第一回準備委員会）、「包括的核実験禁止条約（CTBT）」「核兵器の役割低減」「非戦略核」「輸出管理」「核兵器国における保障措置適用拡大」「非核兵器地帯」（以上、二〇一三年の第二回準備委員会）、「ポスト新START条約における核軍縮」「透明性の向上」「核セキュリティ」「脱退」「中東非大量破壊兵器地帯」「警戒態勢解除」（以上、二〇一四年の第三回準備委員会）の一六本。第三回準備委員会では、直前に広島で開催された外相会合の共同声明を作業文書として提出したため、NPDIとして三回の準備委員会に提出した共同作業文書の数は全部で一七本となる。
(14) ただし、シリアは、二〇一一年一一月一六日の外相会合での決定以来、資格停止となっている。
(15) 中東問題の詳細については、本書第五章を参照。
(16) 一九八〇年代後半以降一九九五年までに加入したアラブ連盟加盟国は次のとおり。イエメン(一九八六年)、バハレーン(一九八八年)、サウジアラビア(一九八八年)、カタール(一九八九年)、クウェート(一九八九年)、アルジェリア(一九九三年)、モーリタニア(一九九三年)。なお、一九九五年再検討・延長会議後にＮＰＴに加入したアラブ連盟加盟国は、コモロ(一九九五年)、アラブ首長国連邦(一九九五年)、ジブチ(一九九六年)、オマーン(一九九七年)。
(17) 米国が、条約の「本来の」目的である核不拡散の問題に焦点を絞り、核軍縮を軽視したことにＮＡＭ諸国などが反発した経緯もある。
(18) Lianet Vazquez, "Toward the 2015 NPT Review Conference: Attitudes and Expectations of Member States in the Middle East," *British American Security Information Council*, October 2014, p. 10.
(19) アンティグア・バーブーダ、バハマ、バルバドス、ベリーズ、ドミニカ国、グレナダ、ガイアナ、ハイチ、ジャマイカ、セントクリストファー・ネーヴィス、セントルシア、セントビンセント及びグレナディーン諸島、スリナム、トリニダード・トバゴ、英領モンセラットの一四か国一地域が加盟(二〇一五年一月現在)。
(20) オーストラリア、キリバス、クック諸島、サモア、ソロモン諸島、ツバル、トンガ、ナウル、ニウエ、ニュージーランド、パプアニューギニア、バヌアツ、パラオ、フィジー、マーシャル諸島、ミクロネシア連邦の一六か国・地域が加盟(二〇一五年一月現在)。
(21) 核兵器の非人道性に関する議論全般については、第六章を参照。
(22) *Delegitimizing Nuclear Weapons: Examining the validity of nuclear deterrence*, Ken Berry, Patricia Lewis, Benoit Pélopidas, Nikolai Sokov and Ward Wilson, May 2010.
(23) 筆者も同総裁の演説を直接拝聴する機会を得た一人である。

(24) アイルランド、インドネシア、エジプト、オーストリア、コスタリカ、スイス、チリ、デンマーク、ナイジェリア、ニュージーランド、ノルウェー、バチカン、フィリピン、マレーシア、南アフリカ、メキシコ。

(25) Statementの訳語に関しては、声明(議場で読み上げはしないが何らかの形式で対外的に発表する)、演説(実際に議場で読み上げる)などあるが、「人道グループ」の文脈では両者の性質を兼ね備えていると言えるので、「ステートメント」という用語を充てることとする。

(26) メンバー国は、スイス、チリ、ナイジェリア、ニュージーランド、マレーシアの五か国。

(27) メンバー国は、アイルランド、オーストラリア、オーストリア、オランダ、カナダ、スウェーデン、デンマーク、ニュージーランド、ノルウェー、ハンガリー、フィンランドの一一か国。もともと一〇か国で始まり、二〇〇九年にフィンランドが加わったことで、一一か国となったが、現在でもウィーン一〇か国グループと呼ばれている。

第三章　核軍縮の現状と課題

戸崎洋史

はじめに――ＮＰＴ第六条と冷戦期の動向

一九五〇年代、国際社会は核兵器を含むあらゆる兵器に関する全面完全軍縮を議論したが、進展は見られなかった。その中で、アイルランドは一九五八年に、核兵器を保有する国の増加がもたらし得る危険性に対応することが当面の施策として必要だと主張した。これが核兵器不拡散条約（ＮＰＴ）へと発展していくが、その交渉過程では、ＮＰＴを核軍縮に向けた第一歩だと位置づけつつも、その核軍縮に関して条約中にいかに記述するかをめぐり、核兵器国と非核兵器国の意見の相違は容易には埋まらなかった。米ソが一九六七年に提出した共同条約案には核軍縮に関する条項がなく、これに対して非核兵器国は、核兵器を持てる国と持たざる国とに二分し、後者にのみ義務を課す不平等な条約は受け入れ難く、そうした不平等性を緩和するためにも、核軍縮に係る条項を条約に盛り込むべきだと強く反発した。

交渉の結果、条約の前文に、「核軍備競争の停止をできる限り早期に達成し、及び核軍備の縮小の方向で効果的な措置をとる意図を宣言」すること、「〔部分的核実験禁止条約（ＰＴＢＴ）の〕前文において、核兵器のすべての実験的爆発の永久的停止の達成を求め及びそのために交渉を継続する決意を表明したことを想起」すること、ならびに核軍縮を容易にすべく「国際間の緊張の緩和及び諸国間の信頼の強化を促進すること」が述べられるとともに、第六条として、核軍縮に関する以下のような規定が盛り込まれた。

各締約国は、核軍備競争の早期の停止及び核軍備の縮小に関する効果的な措置につき、並びに厳重かつ効果的な国際管理の下における全面的かつ完全な軍備縮小に関する条約について、誠実に交渉を行うことを約束する。

こうして、核軍縮は核不拡散および原子力の平和利用と並ぶＮＰＴの三本柱の一つに位置づけられた。しかし、第六条は核軍縮(を含む全面完全軍縮)に係る「誠実な交渉」の「約束」を記したにすぎず、核兵器国に核軍縮の「実施」を義務づけるものではない。そのなかで、核軍縮の進捗状況を確認し、その実施を核兵器国に促すメカニズムとしてＮＰＴに規定されたのが、条約の発効から五年ごとに再検討会議を開催すること(第八条三項)、ならびに発効から二五年後にＮＰＴの最終的な期限を締約国の過半数の議決で決定すること(第一〇条二項)であった。再検討会議では核不拡散および原子力の平和利用に関する条約の運用状況についても検討されるが、その成り立ちからして、また特に非核兵器国にとっては、主眼は核軍縮の実施状況を議論することであった。ＮＰＴの「期限」については、義務の不平等性の永続化に不満を持つ非核兵器国から見て、核兵器国による核軍縮の実施が十分でなければ、将来的にＮＰ

Tの終了も決定できるという選択肢を残すことで、核兵器国に圧力をかけるという狙いを持つものであった。

しかしながら、NPTが核軍縮をめぐる実際の状況に与えた影響は、総じていえば限定的で、非核兵器国が期待したほどに核軍縮が進展したわけではなかった。たしかに米ソは、NPT成立直後の一九六九年に戦略兵器制限交渉（SALT）を開始し、一九七二年に弾道弾迎撃ミサイル（ABM）制限条約およびSALTI暫定協定に署名したことを、NPTの早期発効と、特に核開発能力を持つ非核兵器国によるNPT加入の実現を促す狙いを込めて、NPT第六条の義務の履行だと位置づけた。[1]

しかしながら、冷戦期の厳しい対立の中で両国に核軍縮条約の締結を決断させた、はるかに重要な要因は、核軍縮を通じて、二国間の戦略的安定（strategic stability）――危機時においても先制攻撃を行う誘因が低い「危機安定性」、および両国が軍拡競争を行う誘因が抑制された「軍拡競争に係る安定性」からなる――を維持することであった。米ソが核軍拡競争を続ける中で、先制核攻撃を受けても残存する核戦力を用いて他方に耐え難い報復をもたらす確証破壊能力を相互に保有するという、いわゆる相互確証破壊（MAD）状況に至ったが、これが戦略的安定に資するとの考えが強まっていった。米ソ核軍縮は、そうしたMAD状況を制度化し、戦略的安定をより確実に維持すべく追求されたのである。[2]なかでもABM制限条約は、戦略弾道ミサイルに対する迎撃能力の構築を厳しく制限し、相互に報復攻撃への脆弱性を保全するものとして、「戦略的安定の礎石」とも称された。

一九八二年に開始された戦略兵器削減交渉（START）は、核軍拡競争の継続と、緊張緩和（デタント）の終焉による対立の深刻化という状況の下で、米ソ間の戦略的安定の追求をSALT以上に重視したものであった。交渉は、米国の戦略防衛構想（ＳＤＩ）に対するソ連の反発などから難航したものの、米ソの保有する射程距離五〇〇～五五〇〇キロメートルの地上配備ミサイルを全廃する中距離核戦力（ＩＮＦ）条約が一九八七年に成立し、一九九一年七月には両国の配備戦略核弾頭数を六〇〇〇発の規模に削減することなどを定めた第一次戦略兵器削減条約（ＳＴＡＲＴＩ）が署名された。

　その後、ソ連は国内情勢が不安定化し、一九九一年一二月に崩壊した。冷戦の終結により、米露核軍縮の目的には、安全保障上の必要性が低下した核戦力の削減、ならびに旧ソ連の核兵器に対する管理の徹底が加わった。一九九三年一月には、両国の配備戦略核弾頭数を三〇〇〇～三五〇〇発の規模に削減すること、戦略的安定を脅かすとされた複数個別誘導弾頭（ＭＩＲＶ）化大陸間弾道ミサイル（ＩＣＢＭ）[3]を全廃することなどを規定した第二次戦略兵器削減条約（ＳＴＡＲＴⅡ）が署名された（発効せず）。

　上述のような冷戦期および冷戦終結直後の動向は例外的なものではなく、核兵器国は当然のこととはいえ、ＮＰＴ体制の原理・規範や、核軍縮に係るＮＰＴ第六条の規定よりも、核軍縮が国家安全保障問題に及ぼし得る含意を最重視して核軍縮問題に対応してきた。核兵器国からは、ＮＰＴにおいて核軍縮は二義的な重要性しか持たないとの考えすら、時に見え隠れした。これに対して、ＮＰＴにおける第六条の存在を重視する非核兵器国は、当然ながらこの条項に基づいて、核兵器国に核軍縮の一層の実施を要求してきた。そうした核兵器国と非核兵器国との間の、また安全保障とＮＰＴ体制の原理・規範との間の緊張関係は、現在に至るまで続いている。以下では、そうした視点から、冷戦後の核軍縮をめぐる動向を俯瞰することとしたい。

1　核軍縮のコミットメント

1「核兵器廃絶の究極的目標」(一九九五年)

ＮＰＴ第六条および前文を読む限りでは、条約が核兵器国に核軍縮の推進、ならびにその実施を明確に義務づけているとは言い難い。しかも、核軍縮の歩みは、核兵器保有の放棄を受け入れた非核兵器国からみれば、決して満足いくものではない。このため、非核兵器国は様々な「場」で、核兵器国に対して、核軍縮促進の前提として、核兵器廃絶に係るより明確なコミットメントを表明するよう、繰り返し求めてきた。その最も重要な「場」の一つがＮＰＴ再検討会議であり、一九九五年の再検討・延長会議では、核兵器国が初めて、「核兵器廃絶の究極的目標(ultimate goals of the complete elimination of nuclear weapons)」に合意した。

再検討・延長会議に向けて、ＮＰＴ無期限延長を目指す米国など核兵器国は、非核兵器国の賛同を得るべく、ＮＰＴ第六条の「履行」を積極的にアピールした。米ソの激しい核軍拡競争――ピーク時には両国合わせて六万発もの大規模な核戦力が蓄積された――をもたらした冷戦が終結したことで、核軍縮の推進に対する国際社会の期待が高まるなか、上述のように一九九三年にはＳＴＡＲＴⅡが米露によって署名され、一九九四年からは非核兵器国が長く求めていた包括的核実験禁止条約(ＣＴＢＴ)交渉がジュネーブ軍縮会議(ＣＤ)で開始された。再検討・延長会議の直前には、非核兵器国への安全保証(security assurances)(4)に関して五核兵器国がそれぞれ一方的宣言を行い、これを安保理決議九八四(一九九五年四月）で確認した。

こうした核兵器国の取り組みは、非核兵器国にも好意的に受け止められた。また、ＮＰＴ起草時に考えられたように、条約の期限をめぐる問題は、核兵器国に核軍縮の実施を促す大きな梃子として働いたとも認識された。しかしながら、このことは逆に、ＮＰＴの無期限延長が決定されれば、非核兵器国はそうした梃子を失う可能性も予見させた。条約の無期限延長は、核兵器国と非核兵器国の不平等性を永続的に固定化しかねない。日本が当初、無期限延長に慎重な姿勢を示したのは、そうした理由によるものだった。

それでも会議が始まると、核軍縮問題などを理由に反対した一部の非核兵器国を除き、日本を含む大多数の参加国が無期限延長への賛成を表明した。(5) これにより、焦点は無期限延長をコンセンサスで決定すること、そのために核軍縮の将来に対する非核兵器国の不安を払拭することへと移っていった。その結果として、無期限延長の決定とともにコンセンサス採択されたのが、「再検討プロセスの強化」と「核不拡散および核軍縮のための原則と目標」（以下、「原則と目標」）という二つの決定（ならびに「中東に関する決議」）である。

「再検討プロセスの強化」では、再検討会議を引き続き五年ごとに開催すること、次の再検討会議に先立つ三年間は準備委員会を毎年開催すること、ならびに条約の運用状況を検討するだけでなく、さらなる前進が追求されるべき分野を明らかにすることが合意された。特に非核兵器国にとって、強化された再検討プロセスは、ＮＰＴ第六条の履行状況のチェックと、核兵器国に対する核軍縮実施の要求を恒常的に可能にすることが期待された。

「原則と目標」では、核軍縮に関しては、一九九六年までのCTBT交渉完了とそれまでの核実験の最大限の抑制、核兵器用核分裂性物質生産禁止条約（FMCT）の即時交渉開始と早期妥結、ならびに「核兵器の廃絶を究極的な目標として、世界的に核兵器を削減する体系的かつ漸進的努力の……断固たる追求」の三点が盛り込まれた。後の再検討会議で合意され、最終文書に盛り込まれた核軍縮に係るコミットメントと比べると、一九九五年に合意された「目標」は質的にも量的にも極めて限定的で、振り返ってみれば見劣りのするものである。このことは、NPTにおける当時の核軍縮をめぐる状況と位置づけを如実に示していたとも言えよう。このうち、「核兵器の究極的廃絶」は、前年の国連総会で日本が初めて提案して採択された核軍縮決議に明記された文言だが、核兵器国のなかで決議に賛成したのは中国およびロシアだけであった。そうであったからこそ、法的拘束力のない文書であるとはいえ、コンセンサスで採択された「原則と目標」において、五核兵器国が従前以上に明確に核軍縮の推進を約束したことは画期的であったし、重要なステップであったと位置づけられよう。

２「核兵器廃絶の明確な約束」（二〇〇〇年）

再検討・延長会議後、一九九六年九月には国連総会でCTBTが採択された。翌月には、国際司法裁判所（ICJ）が「核兵器の威嚇または使用の合法性に関する勧告的意見」を発表し、法的拘束力はないものの、「厳格で効果的な国際管理の下で、あらゆる側面における核軍縮へと導く交渉を誠実に追求し、締結に至らせる義務がある」との見解を示した。さらに、一九九五年から九六年にかけて、豪州政府の主催によるキャンベラ委員会、あるいは米国などの研究機関が現実的な視点から核兵器廃絶論を相次いで発表するなど、核軍縮への期待は高まった。

しかしながら、その期待は急速にしぼんでいく。一九九八年五月にはインドおよびパキスタンが相次いで核実験を実施し、核兵器の保有を明言した。米露の核軍縮も、米国の弾道ミサイル防衛(BMD)構想に対するロシアの反発によって進展しなかった。CDでは、米BMD構想への牽制を目的としてロシアおよび中国が「宇宙における軍備競争の防止(PAROS)」に係る条約の交渉開始をFMCT交渉開始とリンクさせようとし、米国など西側諸国がこれに反対したため、FMCT交渉も開始できなかった。

二〇〇〇年再検討会議は、核軍縮の将来に対する危機感が高まる中で開催された。この会議で注目されたのが、西側グループあるいは非同盟運動(NAM)に属する八か国によって一九九八年に結成された新アジェンダ連合(NAC)である。NACは、核兵器の廃絶が、相当に長期的なプロセスを経るという意味合いを持つような「究極的」な目標ではなく、義務であると主張し、核兵器国から核兵器廃絶に係る、より強いコミットメントを取り付けることに焦点を当てて積極的に発言した。核兵器国とNACの厳しい協議の結果、コンセンサスで採択された最終文書には、「核兵器の全廃を達成するという核兵器国による明確な約束(an unequivocal undertaking by the nuclear-weapon states to accomplish the total elimination of nuclear arsenals)」が明記された。また最終文書には、核軍縮実施のための制度的・漸進的努力に係る実際的措置として、「核兵器廃絶の明確な約束」を含む一三項目(一三ステップ)が盛り込まれた。

しかしながら、その翌年に発足した米国のジョージ・W・ブッシュ政権は、NPT体制の最優先課題は核軍縮ではなく核不拡散であり、核軍縮に関する上述の「一三項目」のすべてを支持しているわけではないとの立場を鮮明にした。二〇〇五年のNPT再検討会議では、核軍縮問題をめぐる米国とNAM

との間の厳しい対立もあり、最終文書の採択には至らなかった。

この間、米露は二〇〇二年五月に、（実戦）配備戦略核弾頭数を二〇一二年末までに一七〇〇〜二二〇〇発の規模に削減するという戦略攻撃能力削減条約（ＳＯＲＴ）を締結したが、ＳＴＡＲＴとは異なり検証措置は規定されず、核戦力の廃棄に関する措置も不在のため可逆的で、米露両国の一方的措置を条約化したとの性格が強く、ＮＡＭなどは批判的であった。その締結も、核軍縮の推進というより、米露双方の多様な利害を調整するための、いわば「触媒」としての役割を多分に期待したものであった。米国にとっての重要な目的は、そのＡＢＭ条約脱退通告（二〇〇一年一二月）[6]に対するロシアの懸念を和らげ、またそのことで対テロ戦争や核拡散問題への対応などでのロシアからの協力を得ることにあった。これに対して、米露核軍縮はロシアにとって、大規模な戦略核戦力の維持が財政的・技術的に難しい中でも、戦略核に係る米国との均衡を維持し、これにより米国と並ぶ「大国としての地位」を保つための重要な手段であった。

３「核兵器のない世界」（二〇一〇年）

二〇〇七年一月、米国の外交・安全保障において中心的な役割を担った「四賢人」（ジョージ・シュルツ、ヘンリー・キッシンジャー、ウィリアム・ペリー、サム・ナン）が、米国は「核兵器のない世界」を追求すべきだとの論考を発表し、国際社会に大きなインパクトを与えた。これに触発され、二〇〇八年には日豪政府のイニシアティブで「核不拡散・核軍縮に関する国際委員会（ＩＣＮＮＤ）」が設置され、翌年一二月に報告書『核の脅威を絶つために（Eliminating Nuclear Threats）』が公表された。そして、二〇〇九年一月に米大統領に就任したバラク・オバマは、同年四月のプラハ演説で、「米国は……核兵器を使用した唯一の核兵器国として行動する道義的責任がある」と述べた上で、核兵器が存在する限りは抑止のために安全、確実かつ効果的な核戦力を維持するものの、「核兵器のない世界での平和と安全保障を追求するという米国の約束を、明確にかつ確信をもって表明」した。

プラハ演説における「核兵器のない世界」の提唱は、「四賢人」の論考と同じく、核不拡散および核テロ防止のために国際社会から支持と協力を得ることを多分に狙いとし、また二〇一〇年NPT再検討会議も見据えたものであった。NPT体制の再活性化のために再検討会議の成功が重要で、そのためには米国のリーダーシップの発揮が不可欠だと考えたオバマ政権は、核軍縮の推進を試みた。二〇一〇年四月に公表された米国の核態勢見直し（NPR）[7]報告では、改めて「核兵器のない世界」の目標が確認されるとともに、核兵器の役割低減として、核兵器の「基本的役割」、ならびに非核兵器国に対する消極的安全保証といった宣言政策の一部修正が明記された（本章第二節を参照）。

同年四月には、米露間で新戦略兵器削減条約（新START）が成立し、条約発効から七年で両国の配備戦略（核）弾頭を一五五〇発、配備戦略（核）運搬手段――大陸間弾道ミサイル（ICBM）、潜水艦発射弾道ミサイル（SLBM）、戦略爆撃機を指し、「戦略核の三本柱」とも称される――を七〇〇基、配備・非配備戦略（核）運搬手段発射機を八〇〇基の規模に削減すること、現地査察を含む検証措置を実施することなどが定められた。新START交渉は、米国のBMD計画に対するロシアの反発などもあり難航する場面も見られたが、それでも交渉開始から一年余りの短期間で成立し、二〇一一年二月に発効した。

オバマ政権発足後の核軍縮を取り巻く好ましい雰囲気の中で開催された二〇一〇年NPT再検討会議

では、「核兵器のない世界」に対して、米国以外の核兵器国からも明確な反対はなく、それまでの再検討会議で非核兵器国が苦心してきた、核軍縮に係るコミットメントを核兵器国から取り付ける難しさは大幅に緩和された。核兵器国と非核兵器国の協議の焦点は、核軍縮の実際的措置をいかなる文言で最終文書に盛り込むかへと移ったが、これについては安全保障上の利害と直結することもあり、核兵器国が拒否したり、より穏健な文言への修正を求めたりし、非核兵器国も受け入れざるを得ない点が少なくなかった。それでも、過去の再検討会議と比べると、とりわけ米国による非核兵器国への譲歩が目立ち、より多くの措置について合意が積み重ねられた。

コンセンサス採択された最終文書には、核軍縮、核不拡散および原子力の平和利用に係る将来に向けた行動計画(action plan)として六四項目が掲げられたが、このうち二二項目が核軍縮に関するものである。その行動1が、「すべての当事国は、この条約および核兵器のない世界を達成するという目的に完全に一致した政策を追求することにコミットする」ことであり、これに続いて核兵器の削減、核兵器の役割低減、ＣＴＢＴの早期発効、ＦＭＣＴの即時交渉開始、透明性の向上など具体的な核軍縮措置が列挙された。

2　核軍縮強化の取り組みと課題

非核兵器国が核兵器国に対して求めてきた核兵器廃絶に関するコミットメントの表明は、二〇一〇年再検討会議の最終文書に「核兵器のない世界の追求」が明記されたことで、一定の到達点に至ったように思われる。もちろん、核兵器国が「核兵器のない世界」のコミットメントを反故にしないよう、非核兵器国は注視し続ける必要がある。また、そうしたコミットメントは、現実の核軍縮措置へと具現化されなければならない。オバマ政権発足以降、核軍縮の一層の発展に対する期待は大きく高まった。しかしながら、その期待が二〇一〇年再検討会議でピークに達したのを境に、核軍縮は再び強い停滞感に包まれている。以下では、核兵器の削減、透明性の向上、核兵器の役割低減、および多国間核軍縮条約の推進といった問題について、現状と課題を考察する。

1　核兵器の削減

核軍縮の根幹は核兵器の削減であり、その中心は、現在も世界に存在する核兵器の九〇パーセント以上を保有する米露による取り組みである。ストックホルム国際平和研究所（SIPRI）の推計によれば、二〇一四年時点で、米国は七三〇〇発、ロシアは八〇〇〇発の核兵器を依然として保有している。これに対して、残る三核兵器国の核兵器保有数は、中国が二五〇発、フランスが三〇〇発、英国が二二五発と、依然として米露との間に大きな差がある。また、NPT非締約国のインドが九〇～一一〇発、パキスタンが一一〇～一二〇発、イスラエルが八〇発、さらにNPTからの脱退を表明した北朝鮮が一〇発程度の核兵器を保有しているとされる。こうした状況から、少なくとも次の核兵器削減プロセスも引き続き米露二国間で実施されると考えるのが現実的であり、二〇一〇年NPT再検討会議の最終文書でも、「最大の核兵器国」、すなわち米露両国が率先して核兵器を削減し、廃棄することが求められた。

米露は、戦略核兵器の削減に関する新STARTの履行を継続している。他方で新STARTは、二〇一〇年NPT再検討会議を前に核軍縮に係る米露の実績をつくるべく、その時点で合意が可能な削減規模を定めたという、暫定的な性格の強い条約であり、その前のSORTから、オバマ大統領がプラハ演説で述べたような「十分に大胆」な削減を規定したわけではない。だからこそ、オバマ大統領は新START成立直後に、戦略・非戦略核兵器双方について、一層の削減をロシアに呼びかけた。

米国がまず着手したいと考えたのは、非戦略核兵器の削減である。米露(ソ)核軍縮の中心は戦略核兵器の削減だったが、その間に非戦略核兵器の保有数は、米国の五〇〇発に対してロシアの二〇〇〇発と非対称性が拡大した。しかも、ロシアは冷戦後、北大西洋条約機構(NATO)の通常戦力に対する劣勢を補完するものとして、またNATOの東方拡大に対する異議申し立ての手段として、非戦略核兵器を重視し、その使用をシナリオに含めた軍事演習もたびたび実施してきた。ロシアは、米国の非戦略核削減提案に応じず、ロシアの非戦略核兵器は配備されておらず、すべて国内の中央貯蔵施設で安全に保管されているのに対して、米国が欧州NATO五か国に戦術核兵器を配備していることが問題だとして、まずはこれを撤去するよう求めている。(8)

他方、二〇〇〇年代末頃から、ロシアがINF条約に違反して地上発射中距離巡航ミサイルの開発および実験を行っているとの疑惑が指摘されていたが、米国は二〇一四年七月に条約違反と断定したことをロシアに伝えた。これに対して、ロシアは疑惑を否定し、逆に米国がINF条約に違反する活動を行っていると批判している。この問題に関する米露間の協議は進んでいない。

戦略核削減に関しては、米国がオバマのベルリン演説(二〇一三年六月)で、新STARTの規模から米露ともに三分の一を削減する(つまり、配備戦略核弾頭を一〇〇〇〜一一〇〇発の規模にする)ことを提案した。これに対してロシアは、米国のＢＭＤ計画、とりわけ中・東欧諸国へのＢＭＤシステムの配備がロシアの核抑止力を脅かし、米露間の戦略的安定を脅かす可能性がある状況では、戦略核戦力の一層の削減には踏み切れないと主張する。しかしながら、欧州ＮＡＴＯ配備ＢＭＤシステムは、中東諸国から欧州に向かう中距離弾道ミサイルの迎撃を目的とし、その質的・数的能力も限定的で、直ちにロシアの対米核抑止力を脅かすとは考えにくい。むしろロシアの反発は、将来的な核抑止力への影響に対する懸念に加えて、中・東欧というかつての勢力圏で米・ＮＡＴＯのプレゼンスが強まることに向けられていると考えられる。しかも、おそらくロシアは、新ＳＴＡＲＴの規模であれば米国に比肩する戦略核戦力を維持できると考えており、米国との戦略核抑止力の均衡を二国間の核削減によって維持するという誘因は、少なくとも現状を見る限りでは高くない。

ウクライナ情勢へのロシアの対応、とりわけ二〇一四年三月のクリミア併合も、米露核軍縮の進展をより難しくしている。米国の在欧戦術核に関しては、ドイツ、オランダおよびベルギーなども撤去を求めていたが、ロシアへの懸念が強まり、中・東欧のＮＡＴＯ加盟国などに対する安心供与の手段としての重要性が高まる中で、議論は一時棚上げされている。さらに、二〇一四年には、ロシアによる戦略・非戦略核兵器を用いた大規模な軍事演習の実施、あるいは米国による欧州への戦略爆撃機の展開など、米露関係における核兵器の政治的重要性の高まりを示唆するような動きも目立った。冷戦後、最も悪化したとも評される米露関係の改善なしには、両国による一層の核兵器削減は難しく、そればかりかＩＮＦ条約や新ＳＴＡＲＴの終了につながりかねないとの懸念すらある。

こうした状況が続く限り、他の核保有国を含む多国間の核兵器削減プロセスへの移行も望み難い。さらに、米国の相対的な力（パワー）の低下と中国など新興国の台頭に伴う力の移行（power transition）は、核兵器削減の動向にも影を落としている。ロシアが新ＳＴＡＲＴ後の核兵器削減について、多国間の文脈の中で再検討すべきだと主張する背景には、中国の将来動向に対する警戒感から、中国との核バランスに対する非対称性が維持される形で進めるべきだとのロシアの考えが窺える。また米国も、中国の核戦力を含む軍事近代化の動きを注視している。その中国をインドが、またインドをパキスタンが、それぞれライバル視するという三つ巴の関係は、これらの核兵器能力の強化と漸増をもたらしてきた。上述のように、依然として米露の取り組みが国際的な核兵器削減プロセスの中心だが、多国間の核関係を考慮した複雑な多元方程式の解を見出せなければ、核兵器の一層の削減は難しいという状況がすでに生起しつつある。

仮に核兵器の削減が進むとしても、それだけ核兵器一発あたりの「価値」が高まることになれば、核保有国間のバランスをいかに設定するか、主要国間関係の安定性をいかに保つか、あるいは合意に反した核兵器保有を探知できるだけの厳格な検証措置を構築できるかといった難題に直面することになろう。核兵器削減の不可逆性を担保する努力も欠かせない。核弾頭の解体や、そこから抽出される核兵器級核分裂性物質の処分を検証下で、また機微な物質、資機材、技術の流出を防止しつつ実施するための施策や枠組みに係る検討、あるいは研究開発の推進も急務である。

より根本的な問題として、ＮＰＴ第六条、さらにはＮＰＴ体制における核軍縮に係る規範が、どれだけ、またどのようにすれば核兵器削減の推進力となり得るのかも問われている。本書第六章で述べられているように、核軍縮の実績および現状への不満は、非核兵器国による「核兵器の非人道的側面」に関するイニシアティブ、さらにはＮＡＭや市民社会などからの核兵器禁止条約の提唱をもたらしてきた。しかしながら、国家安全保障において核兵器が果たす役割を依然として認識し、重視する核保有国は、ＮＰＴ第六条やＮＰＴ体制の規範だけを論じられても核兵器の削減を受け入れない。専門家からは、広島・長崎への原爆投下以来、核兵器が七〇年にわたって実戦で使用されず、大国間の直接戦争も注意深く回避されてきたことが重要であり、核兵器の廃絶を目標としつつも、そのための政治的な条件が整わないのであれば、核抑止の意義も認めつつ、核兵器の不使用の伝統と、大国間戦争が抑制される状況の維持を、むしろ積極的に是認すべきだとの主張もある。

核兵器が国際安全保障や、特に主要国間関係に深く組み込まれてきたという現実を、核軍縮に係る規範とともに踏まえなければ、核兵器の大幅削減に向けた取り組みが奏功する可能性は高くない。また、核保有国が参加しない核兵器禁止条約が仮に成立したとしても、その実際的な意義は相当程度減じざるを得ないであろう。当面なし得るのは、核兵器削減に直接・間接に作用し得る様々な措置を、可能な部分からわずかでも前進させ、実施していくことだと思われる。たとえば、日豪などが提案するように、米露以外の核保有国が、多国間交渉が開始・妥結されるまでの間、少なくとも核兵器を増加させないと約束することは、その第一歩となろう。核兵器の削減は、冷戦期には戦略的安定のためのＭＡＤ状況の制度化を、また冷戦後は米露関係の管理を主眼として、主として米露（ソ）によって進められてきたが、米露、さらには他の核保有国による一層の核削減には、新しいロジックの構築も必要となるように思われる。

2 透明性の向上

二〇一〇年NPT再検討会議の最終文書で示された「行動計画」で、透明性は不可逆性および検証可能性とともに核軍縮の「原則」と位置づけられた（行動2）。実際に、核軍縮の推進には、核兵器に関する能力および意図について、核保有国による透明性措置の実施が欠かせない。能力や意図の「現在地」が不明なままでは、必要で意味のある核軍縮措置は構築できないし、核軍縮の進捗状況を評価するのも難しい。また透明性措置は、検証措置実施の前提条件でもある。浸透度（intrusive）の高い検証措置が設定されても、対象となる兵器や関連施設などに関する適切な情報が当事国から提供されなければ、条約の履行に対する信頼性は容易には得られない。さらに透明性の向上は、関係国間の信頼醸成に寄与し、不透明性から生じ得る安全保障ジレンマと、その結果としての軍拡競争の生起を抑制する。もちろん、安全保障問題で完全な透明性を求めることは現実的ではないが、提供される情報の範囲を可能な限り拡大していくことが求められる。

透明性措置には、各国が独自に行うものから二国間・多国間の合意の下に相互に実施するものまで、また公表する事項や程度についても多岐にわたるが、NPTの文脈では、たとえば二〇一〇年再検討会議の最終文書では、核兵器国を含む締約国に対して、その会議で合意された行動計画を含め累次の再検討会議で合意された核軍縮・不拡散措置の実施に係る定期報告の提出が求められた（行動20）。核兵器国に対してはさらに、具体的な核軍縮措置の実施状況について二〇一四年の準備委員会に報告すること（行動5）、ならびに信頼醸成措置として標準報告フォームに合意することなど（行動21）が求められた。

上記の合意に基づいて、核兵器国は二〇一四年の準備委員会に、「共通の枠組み（common framework）」

で「共通のテーマ・カテゴリー」の下、核軍縮を含むＮＰＴの三本柱に係る自国の実施状況を報告した。これまでの再検討会議でも一定程度の報告はなされてきたが、五核兵器国が協調して自国の核戦力、核政策および核軍縮措置を包括的に取りまとめて公表するのは初めての試みである。ＮＰＴの文脈における核軍縮に係る透明性向上のステップとして、その意義は決して小さなものではない。

しかしながら、「共通のテーマ・カテゴリー」は大まかな「章立て」に近い程度ものであった。日豪が主導して発足した「軍縮・不拡散イニシアティブ（ＮＰＤＩ）」は二〇一二年ＮＰＴ準備委員会に提出した作業文書に、核弾頭、運搬手段、核兵器用核分裂性物質、核戦略・政策について報告を行うための標準報告フォームを添付したが、それには核兵器国が示した「共通のテーマ・カテゴリー」よりも、はるかに詳細かつ具体的に報告が求められる事項が明記されていた。また、核兵器国の報告書は、各国とも取り上げる項目が異なり、記載内容の具体性や詳細さについても濃淡の差が小さくない。さらに、いずれの核兵器国の報告も、従来から公表あるいは実施されてきた内容を改めて整理したという性格が強く、新たに公表された事実は多くなかった。

それでも、米国の報告は他の核兵器国のそれと比べて、取り上げられた事項の多さ、ならびに記載内容の具体性の双方で最も優れていた。また米国は、二〇一〇年に続いて、核兵器の各年のストック数（廃棄待ちの核弾頭は含まれない）を公表し、二〇一三年は四八〇四発だったと明らかにした。米国に次いで透明性のレベルが高かったのが、英仏の報告であった。これに対して、中国の報告には、核兵器能力（核兵器用核分裂性物質に関する事項を含む）や核兵器削減について具体的な記述はない。またロシアの報告は、核軍縮に関する具体的な行動よりも、それぞれの措置の概略や、ロシアの一般的な考え方をまとめた程度の記述が少なからぬ部分を占めていた。

核兵器の「能力」の側面に関する中国の透明性の低さは、かねてより指摘されてきた。中国は、核兵器の先行不使用や非核兵器国への無条件の安全保証の供与といった宣言政策を公表し、そうした「意図」に関する透明性が重要だと主張する一方で、他の核兵器国と異なり、核戦力に係る現状や将来の計画といった「能力」の側面に関する一切の情報を公表していない。二〇一〇年再検討会議でも、不可逆性や検証可能性とあわせて透明性を「原則」と位置づけることに難色を示すなど、透明性に対する中国の消極性は際立っている。米露と比べると中国の核戦力は規模が小さく、中国にはその不透明性によって抑止効果を高めたいとの狙いがある。それは、一面では合理的な戦略だが、他方で中国が表明する「意図」への疑念を強めているとのマイナス効果も否めない。しかも、「意図」は一夜で変わりうる。表明された「意図」の信頼性を高めるためにも、中国が「能力」に関する透明性措置を実施することが求められる。

最後に、核兵器国が作成を進める、核兵器や核戦略・政策に関する重要な用語の定義集(Glossary of Key Nuclear Terms)に触れておきたい。核問題に関して鍵となる用語の定義が合意されれば、意味の取り違えから不要な誤解が生じるリスクを低減できよう。また、定義集の作成過程で、核兵器国が核戦力、核政策などに関する情報や考え方について意見交換する機会も増え、透明性向上の一助となる。しかも、その作業グループの座長を中国が務めてきた。そうした定義集の作成は、核軍縮全体でみれば小さな一歩に過ぎないが、作成プロセスの段階を含めて透明性の向上に寄与する取り組みと言える。

3　核兵器の役割低減

二〇一〇年再検討会議の最終文書では、「軍事・安全保障上の概念、ドクトリン、および政策における核兵器の役割と重要性の低減」が核兵器国に対して求められた（行動5C）。核兵器の役割低減は、核態勢に制約を設けることにより、核兵器の軍事的・政治的有用性を低下させ、そのことで核兵器削減につなげることを企図する施策である。

核兵器の役割低減は、安全保障環境の改善や核軍縮の促進を目的に実施されるケースと、逆にそれらが実現した結果として実施されるケースとが考えられる。期待されるのは前者のケースであろうが、核兵器の役割低減と称してなされる措置の信頼性が低ければ、他国はそうした措置を真剣には受け止めないであろう。また、核兵器の役割低減が安全保障や主要国間関係などの安定性を損ないかねないとの懸念が惹起される場合には、核保有国はその実施に消極的にならざるを得ない。さらに、核兵器の役割低減によって、核兵器国と同盟関係にある非核兵器国が拡大核抑止（「核の傘」）の信頼性に対する疑念を高めうる状況では、そうした非核兵器国が独自の核抑止力の取得を模索しかねないとの懸念から、あるいはそのことを口実として、核兵器の役割低減に制動を加えることもある。これに対して後者のケースは、厳しい見方をとれば、核軍縮の進捗状況を示す指標以上の意味を持ち得るのかという問題が残る。

こうしたことを念頭に置きつつ、以下では非核兵器国に対する消極的安全保証（negative security assurances）、核兵器の先行不使用（no first use）、ならびに核戦力の警戒態勢の低減・解除（de-alerting）について考察する。

①消極的安全保証

非核兵器国はＮＰＴ交渉時から、核兵器取得を放棄した対価として、非核兵器国に対しては核兵器の使用または使用の威嚇を行わないという消極的安全保証を法的拘束力を持つ形で提供するよう、核兵器国に求めてきた。しかしながら核兵器国は、非核兵器地帯条約の議定書で規定されたものを除いて、消極的安全保証の法典化には反対し、各核兵器国による一方的宣言の形でこれを提供してきた。その内容にも差異があり、中国は一貫して無条件の消極的安全保証を宣言してきたのに対して、他の核兵器国は概して言えば、核兵器国と同盟・連携関係にある非核兵器国への攻撃に対しては消極的安全保証の対象から除くなどとの条件を付してきた。また米国は、消極的安全保証に関する宣言とは別に、非核兵器国による生物・化学兵器攻撃に対しても核兵器を用いて報復する可能性を示唆するという、「計算された曖昧(calculated ambiguity)政策」をとっていた。

その後、米国は二〇一〇年のＮＰＲ報告で、「ＮＰＴの当事国であり、かつ核不拡散義務を遵守している非核兵器国に対しては、核兵器を使用せず、使用の威嚇を行わない」とし、例外を北朝鮮やイランといった核不拡散義務不遵守国にとどめる「強化された消極的安全保証」を宣言した。非核兵器国の生物・化学兵器攻撃に対しては、米国は通常戦力で大規模に報復すると警告した(ただし、生物兵器の将来的な発展によっては宣言を修正する可能性を留保している)。その後、英国も「強化された消極的安全保証」を宣言した。フランスも類似の文言を用いているが、同時に国連憲章第五一条に規定された自衛権の完全な行使を妨げるものではないとの条件を付している。

消極的安全保証の重要な論点には、宣言の内容や形態に加えて、その信頼性をいかに担保するかという問題も挙げられる。たとえば、宣言を読む限りでは、中国の消極的安全保証の対象には、米国と同盟関係にある日本も含まれる。しかしながら、日本(または日米)との軍事的な緊張が高まる局面で、中国が在日米軍基地を含め日本に対する核兵器の使用または使用の威嚇を全く行わないとの確証は持てない。実際、中国は核弾頭を搭載可能で、日本を射程に収める準中距離弾道ミサイル(MRBM)や対地巡航ミサイル(LACM)を多数配備していると見られ、その宣言の信頼性に疑念を生じさせる原因となっている。

また、消極的安全保証の提供を法的に約束したとしても、やはり完全には信用し得ないとみる向きもあろう。ロシアは一九九四年一二月、ロシアへの核兵器の移管と非核兵器国としてのNPTへの加入に合意したウクライナに対して、その領土と主権の尊重、ならびに同国への消極的安全保証の提供などを約束した「安全保証に関するブタペスト覚書」を米英およびウクライナと締結した。二〇一四年のロシアによるクリミア併合は、同覚書への違反であり、ウクライナはさらにロシアが核攻撃の威嚇を行ったと批判している(ただし、ロシアはこれを否定)。

②先行不使用

宣言政策の信頼性・継続性の問題は、核兵器を最初に使用しないとの先行不使用政策にも当てはまる。先行不使用は、核兵器の役割を低減し、核軍縮を促進するための措置として様々なアクターによって提唱されてきた。核兵器国の中では、中国(および冷戦期のソ連)が先行不使用を宣言している。たしかに、核保有国が相互に先行不使用を約束し、これが守られるのであれば、危機時の安定性は強化される。さらに、相互に先行不使用を守れば、核兵器は決して使用されないことになるため、安全保障における核兵器の役割は低下し、核軍縮が促進されるとの議論も成り立ち得る。しかしながら、ソ連の先行不使用政策に対して、西側諸国はこれをプロパガンダと捉えていた。またロシアは、冷戦後に先行不使用政策を改め、核兵器の先行使用の可能性を明言している。中国の無条件の先行不使用宣言に対しても、果たして大規模通常攻撃、あるいは中国の核兵器を標的とした敵の通常攻撃に直面しても、先に核兵器を使用しないのかといった疑問が残る。

たしかに、米露に対して核戦力で圧倒的に劣勢にある中国が核兵器を先行使用しても、大規模な核報復を招きかねない。逆に先行不使用の宣言によって、米露による先行使用を牽制しうる。そのように考えれば、中国の先行不使用宣言は戦略的に合理的な選択だといえる。しかしながら、中国は、防御的な戦略文化を持つ国だという説明以上に、先行不使用という意図の信頼性を高める具体的な施策を明らかにしているわけではない。また、中国の先行不使用が、限られた対米本土攻撃能力しか持たないという核戦力上の制約から引き出される政策だとすれば、それ以外の国に対しても先行不使用は適用されるのか、あるいは中国の核戦力が質的・量的に強化されていくなかでも先行不使用政策に変化は生じないのかという問いも成り立つ。

他方、中国を除く核兵器国が先行不使用を宣言していないのは、核報復の可能性を残すことで非核攻撃を抑止すること、あるいは敵による核兵器の使用に先立って核兵器を用いてそれらを破壊し、自国や同盟国の被りうる損害を限定すること（対兵力打撃あるいは強制的武装解除）といった核態勢を維持しているためである。先行不使用の宣言が、潜在的・顕在的な敵に誤った安心感を与え、抑止力の低下や安全保障関係の不安定化を招き、結果として大規模通常戦争のリスクを高めかねないとの懸念もあろう。先行不使用政策に対しては、信頼性の低さから敵は全く注意を払わず、逆に同盟国は抑止や安心供与の低下を過度に注視するため、そうした宣言を行う戦略的なメリットはないとの議論もある。さらに、先行不使用を宣言しうるような戦略環境が到来しても、そうした状況が続くとは限らず、状況の悪化に伴い先行不使用政策を放棄することは敵の警戒レベルを必要以上に高め、不安定化に拍車をかけることになりかねない。

日豪が主導して設置された「核不拡散・核軍縮に関する国際委員会（ICNND）」の報告書などでは、核攻撃に対する抑止を核兵器の「唯一の目的（sole purpose）」だと宣言するよう提案している。使用の是非ではなく、抑止の側面に焦点を当てることで、抑止効果を残しつつ、核兵器の役割を限定する狙いがある。

プラハ演説で「核兵器の役割を低減させる」としたオバマ政権でも、「唯一の目的」の採用が検討された。しかしながら、NPR報告では、「米国や同盟国に対する通常兵器あるいは生物・化学兵器による攻撃への抑止に米国の核兵器が役割を果たす狭い範囲の事態が残っている」として、「唯一の目的」を将来的に「安全に採用できるような環境を構築すべく努める」としつつ、核兵器の「基本的な役割（fundamental role）」は米国や同盟国に対する核攻撃を抑止することだと述べるにとどまった。

③警戒態勢の低減・解除

核兵器の役割低減については、上述のような宣言政策に係るものに加えて、核兵器システムの運用状況に関するものがある。この代表的な施策で、二〇一〇年再検討会議でも多くの非核兵器国によって提案されたのが、警戒態勢の低減・解除である。

米露の戦略弾道ミサイルは、敵による核攻撃開始の警報を受ければ直ちに発射できるよう、高度の警戒態勢に置かれている。(9) 英仏のSLBMは、弾道ミサイル搭載原子力潜水艦（SSBN）の常時パトロールの下で、米露のものよりは低い警戒態勢にある。中国については、通常は核弾頭と運搬手段を切り離して保管し、即時発射の態勢にはないと考えられているが、新型SSBNの海洋パトロールが開始された場合に、SLBMと核弾頭を切り離して搭載するのか、そうでないとすればいかなる警戒態勢が採用されるのかを注視する必要があると指摘されている。

警戒態勢の低減・解除は、事故や未承認、あるいは誤警報・誤判断での核兵器使用を防止するといった理由に加えて、高度の警戒態勢の維持がもたらす先制攻撃の懸念と誘因を低下させることで、危機安定性が高まり、また核兵器の削減が促進されるとして提案されてきた。しかしながら、警戒態勢の低減・解除が逆に敵による先制攻撃の誘因を高めかねないこと、あるいは緊張状況で警戒態勢を再び高める行為が核兵器使用の強い意思の表れと解釈され得ることなどから、むしろ安定性を脅かす可能性があるとも論じられている。オバマ政権が警戒態勢の低減、あるいは核兵器の使用を「大統領が決定するまでの時間の最大化」を検討したものの、NPR、ならびに二〇一三年六月に公表された「核運用戦略報告」で新たな政策を打ち出し得なかったのは、多分に不安定性への含意に対する懸念を払拭できなかったためである。

また、警戒態勢の低減・解除が、核兵器の削減を抑制する可能性も考え得る。少なくとも第二撃能力の高い残存性を確信できない限り、警戒態勢の低減は戦略核兵器削減のペースを遅らせるだけでなく、第二撃能力の新たな獲得や強化を促しかねないからである。あるいは、核兵器の削減と、残る核戦力の警戒態勢の低減・解除がともになされる状況で、「強制的武装解除」を招来する可能性への懸念が残る場合、両者は並立し得ず、核兵器の削減に伴い、より高度の警戒態勢を維持する必要性に迫られるかもしれない。二〇一〇年再検討会議の最終文書では、「国際的な安定と安全保障を促進する方法で、核兵器システムの運用状況をさらに低下させることに対する非核兵器国の正当な利益を考慮すること」(行動5e)が核兵器国に求められたが、その「国際的な安定と安全保障を促進する方法」を見出すことが警戒態勢の低減・解除を推進する鍵になる。警戒態勢の低減・解除と核兵器の削減の両立には、これを可能にする安全保障環境の到来を待つか、もしくは核兵器削減の一方で、残る核戦力や指揮・命令系統などの高い非脆弱性・抗堪性を確保する手立てを合わせて講じることが必要になってくるとも考えられるのである。

4　多国間核軍縮条約の推進

一九五〇年代にはすでに、核兵器の質的な強化を抑制するものとしてCTBTが、また量的な増加の防止に寄与するものとしてFMCTが、それぞれ提案されていた。しかしながら、核実験の継続と核兵器用核分裂性物質の生産を必要とする核兵器国の反対に直面して、条約策定に向けた取り組みは進展しなかった。冷戦後、米国がそれらの成立に向けてイニシアティブを取る意思を表明したことで実現可能性は高まったが、CTBTおよびFMCTの核軍縮への含意は冷戦期よりも低下していた。米ソを筆頭に、核兵器国は冷戦期に一定の核実験の実施と核兵器用核分裂性物質の生産を、既に行っていたからである。なかでも、両条約に対する米国の関心は、NPT非締約国や非核兵器国の核兵器開発・製造に対する技術的障壁を設けるという、多分に核不拡散措置としての側面に払われていた。

CTBTは、一九九四年に交渉が開始されたものの、最終的にインドの反対によってコンセンサス方式のCDでは採択できず、過半数制の国連総会に持ち込まれ、一九九六年九月に成立した。CTBTは、核兵器の爆発を伴う実験を全面的に禁止し(「爆発」に至らない未臨界実験やコンピュータ・シミュレーションなどは条約の禁止の対象とはならない)、その履行を確保するために国際監視制度(地震学的監視、放射性核種監視、水中音波監視、微気圧振動監視)や現地査察を含む検証制度を設けている。

インドが条約に反対した理由には、一九七四年に平和目的と称する核爆発実験を一回実施しただけの自国と、程度の差はあるものの多くの核実験を重ね、核兵器開発に必要なデータを蓄積してきた核兵器国との間の、核兵器に係る技術的格差を実質的に固定化する不平等な条約と位置づけたことが挙げられる。そして、その反対は、CTBTの発効が容易ではないことを意味していた。条約発効の要件には、核技術を有するとして条約で特定されたインドを含む四四か国の批准が定められたが、CDでの採択に反対したインドが少なくとも短期的に態度を改め、署名・批准に舵を切るとは考えにくいからである。しかも、そのインドは一九九八年五月に核爆発実験を実施して核兵器の保有を公表し、これにパキスタンが続いたことで、国際社会に大きな衝撃を与えた。パキスタンもCTBTに署名していない。

さらに、米国上院では、一九九九年に共和党の反対でCTBT批准が否決された。共和党が指摘したのは、核兵器の安全性・信頼性を核爆発実験なしに維持できるとの確証が得られないこと、CTBTの国際監視制度では秘密裏に行われる低威力の核実験、あるいは偽装工作が施された核実験を探知できない可能性があることといった問題である。その後、こうした懸念への対応は一定程度進み、オバマ政権はCTBT批准を目指すとの決意を表明して上院への働きかけを続けている。しかしながら、批准承認に必要な上院での三分の二の賛成を得る目処は立っておらず、二〇一四年一一月の中間選挙の結果はますますその傾向を強めたと言える。発効要件国のうち、上記の三か国を含む八か国が署名または批准しておらず(二〇一五年二月現在)、米国の動向を注視しているとみられる中国、あるいは二〇〇六年一〇月、二〇〇九年五月および二〇一三年二月と三回の核爆発実験を実施した北朝鮮に加えて、エジプト、イスラエルおよびイランといった中東諸国が含まれている。

他方、FMCTについては、核兵器用核分裂性物質の新規生産を禁止するという条約交渉の範囲を示した「シャノン・マンデート」(10)が一九九五年にCDで合意されたものの、その後二〇年にわたって交渉が開始できずにいる。一九九〇年代末には、上述のように中露がCDでの「宇宙における軍備競争の防止(PAROS)」に係る条約の交渉開始を求め、これに米国などが反対したため、FMCT交渉を含むCDでの作業計画に合意できなかった。二〇〇〇年代前半には、米国がFMCTは検証不可能だとして、効果的な検証措置を盛り込むことを前提としていたシャノン・マンデートを拒否したため、また二〇〇〇年代後半になると、パキスタンが、「核兵器用核分裂性物質の新規生産禁止」だけでは十分でなく、既存のストックも条約の対象に含めるよう強く求めて反対し、交渉開始が妨げられてきた。

パキスタンの反対は、原子力供給国グループ(NSG)におけるインドに対する例外化決定の結果、インドが核兵器用核分裂性物質の生産を増加する余地が拡大することもあり、新規生産のみの禁止では、自国より多くの核兵器用核分裂性物質を保有するインドとの格差が固定化されかねないことへの懸念や不満に起因している。印パは核兵器用核分裂性物質の生産を続けているとみられ、北朝鮮の動向も注視されている。中国は、ＦＭＣＴ交渉開始を支持しているが、必ずしも積極的ではないとも見られ、他の四核兵器国とは異なり核兵器用核分裂性物質生産に関するモラトリアムを宣言していない（ただし、現状ではこれを生産していないと考えられている）。

一九九五年以降の再検討（・延長）会議で採択された「原則と目標」や最終文書では、ＣＴＢＴの早期発効、ＦＭＣＴの即時交渉開始が繰り返し求められてきた。そのための取り組みも重ねられている。ＣＴＢＴの規定に基づく発効促進会議は一九九九年以来隔年で、またこれが開催されない年には日豪などが主導する「ＣＴＢＴフレンズ」の枠組みで外相会議が開催され、条約の早期発効と、その間の核実験モラトリアムが呼びかけられてきた。米国のＣＴＢＴ反対派が問題視した検証制度についても、国際監視制度の構築・改善が着実に進み、北朝鮮の三回の核爆発実験では、いずれもこれを示す事象が検知された。ＦＭＣＴについては、ＣＤでの間欠的な集中審議に加えて、政府専門家会合などが開催され、条約に含まれる措置のあり方などが議論されてきた。

安全保障に大きな影響を与える核兵器の問題に関して、関係国が多様な利害を調整し、すべての国が受け入れ可能で、かつ核軍縮の観点からも高い効果を持つ多国間条約を策定し、履行することは容易ではない。また、ＣＴＢＴおよびＦＭＣＴについて言えば、上述のように、核軍縮措置としての重要性は冷戦期と比べると低下した感もある。しかしながら、「核兵器のない世界」に向けて、核実験および核兵器用核分裂性物質に係る禁止はいずれかの段階で講じられなければならない。核兵器の大幅削減、さらには廃絶が達成され、核兵器に利用可能な核分裂性物質の処分も進む場合、核兵器の新たな開発や製造を防止し、核軍縮の不可逆性を担保するのに、両条約の存在は不可欠である。容易ではないものの、条約成立・発効の機会が到来した時にこれを逃さず前進させるべく、そのために必要な政治的・技術的取り組みを継続することが求められる。

おわりに――核軍縮の一層の推進に向けて

NPT第六条の規定、あるいは二〇一〇年再検討会議の最終文書でなされた「核兵器のない世界」に関するコミットメントにもかかわらず、核軍縮の進展は限定的で、今後の見通しも明るくはない。核軍縮は安全保障に直結する施策であり、しかも国家、地域および世界の安全保障に最も大きな影響を与える兵器を対象とすることから、その停滞がむしろ「常態」であるとすら感じられる。国際社会はこれまでも、緊張状況の高まりなど核軍縮がまさに必要とされる時に、その推進は極めて難しいとのジレンマに直面してきた。核軍縮の推進には、主要国間、あるいは地域レベルで安全保障環境の改善、緊張の緩和、国家間関係の安定化をもたらす努力が欠かせない。

他方、核兵器廃絶に向けてとられるべき施策は、実はすでに、かなりの程度提案されている。これを、その時の状況に合わせていかにアレンジするか、科学技術の発展にどのように適合させ、あるいはこれを取り込むか、そしていかなる順序でテーブルに並べていくかが、現在に至るまで、また予見し得る将来も国際社会が苦心する問題であるように思われる。一足飛びの核兵器廃絶が望み難いとすれば、時宜を捉えて可能な核軍縮措置から前進させること、ならびに核兵器廃絶に向けてとるべき施策のリストと推進のシナリオを常に用意し、これを絶えず更新していくことという、根気強い作業が続けられなければならない。「核兵器のない世界」のコミットメントとモメンタムの維持は、そうした作業の継続という点でも欠かせないのである。

付言すれば、第六章で議論されているように、「核兵器の非人道性」を中心概念に据えて新たな政治的モメンタムを創り出そうとする国際的な活動が盛り上がりを見せつつあるが、そうした動きと、上述してきたような安全保障をめぐる現実を踏まえた漸進的な核軍縮の進展を目指す動きとの緊張関係は、NPT再検討プロセスの中で高まりを見せつつある。今後、「核兵器の非人道性」という規範論的な動きと漸進的な核軍縮を目指す現実主義的な動きの間の対立は、NPT再検討プロセスにおける新たな摩擦の火種となる可能性がある。その両者を架橋する取り組みは、安全保障への含意に留意しつつ、同時に核をめぐる規範の実現を図るという、核時代の到来以降、国際社会が腐心してきたテーマのカギを握っているように思われる。

（1）米国の政府、あるいは現実主義者の間では、理想主義的な意味合いが強いとして「軍縮（disarmament）」という言葉への忌避感が小さくなく、一九五〇年代以降は「潜在的・顕在的な敵国との軍事面での協力」などと定義された「軍備管理（arms control）」という言葉が用いられるようになった。米露（ソ）間の核兵器削減プロセスは、核「軍備管理」と称されることが少なくないが、本章ではこれを含め、「軍備管理」ではなく「軍縮」という言葉を用いることとする。

（2）それはまた、相互に他方の国民をいわば「人質」に取る形で成立した「安定」でもあった。

(3) MIRV化ICBMには一基に複数の弾頭が搭載され、それぞれが個別に異なる目標を攻撃できる。特に命中精度の向上により、一基で敵の複数のICBMサイロを攻撃できるなど対兵力打撃の有力な手段と目された。また、単弾頭ICBMよりも「使用するか失うか(use them or lose them)」のジレンマに陥りやすいと考えられた。このため、緊張状態では先制攻撃の誘因を高め、危機安定性を脅かすとも位置づけられた。

(4) 「非核兵器国への安全保証」には、非核兵器国が核攻撃を受けた場合に支援を行うという積極的安全保証(positive security assurances)、および非核兵器国に対しては核兵器の使用または使用の威嚇を行わないという消極的安全保証(negative security assurances)がある。

(5) 自国に新たに脅威をもたらし得る核兵器の一層の拡散が抑制・防止されるという意味で、NPTの無期限延長は非核兵器国にとっても安全保障利益に資するということ、あるいは米国などによる無期限延長への働きかけや圧力が奏功したことなどが、多くの非核兵器国による無期限延長への賛成表明をもたらした。

(6) ABM条約は米国の脱退通告から六か月後の二〇〇二年六月に失効した。

(7) 核態勢見直し(Nuclear Posture Review)は、米国の核戦略・政策の基本的な方向性を示すものとして、冷戦後、新政権発足後に実施されてきた。クリントン政権による一九九四年の報告、およびブッシュ政権による二〇〇一年の報告はいずれも非公表だったが、オバマ政権による二〇一〇年の報告は全文が公開された。

(8) 米国の戦術核兵器(B61-11重力落下式核爆弾)は、ベルギー、ドイツ、イタリア、オランダ、トルコに配備されている。このうちトルコを除く四か国は、核兵器搭載可能な核・通常両用攻撃機を配備し、有事に必要な際には米国が保管する核兵器を搭載するという「核シェアリング(nuclear sharing)」を維持している。

(9) ロシアは、敵が核攻撃の実施を決定または着手した場合に、それが弾道ミサイルの発射や爆撃機の発進などの形で実際に開始される前であっても、敵に対して核攻撃を行うという「警報即発射(LOW)」態勢を、また米国は、敵による核攻撃開始の警報を受けて、その核弾頭が着弾する前に敵に対して行う核攻撃である「攻撃下発射(LUA)」態勢をとっているとされる。

(10) この合意をとりまとめた、カナダのジェラルド・シャノン大使の名をとってこう呼ばれるようになった。

第四章　核不拡散と平和利用

樋川和子

はじめに

核兵器の拡散防止を目的として核兵器不拡散条約（ＮＰＴ）起草のための具体的な作業が開始されたのは一九六五年のことであるが、エネルギー源としての原子力の活用といった原子力の平和利用は、一九五〇年代半ばから既に急速に世界に広がりつつあった。そのきっかけとなったのは、一九五三年一二月の国連総会におけるドワイト・アイゼンハワー米大統領の「平和のための原子力（Atoms for Peace）」演説であった。それまで原子力に関する知識を有し、実際に原子力を利用できた国の数はごく限られており、米国、ソ連のほぼ独占状態にあったが、「平和のための原子力」演説以降、米国が自国が有する核燃料の提供をはじめとした原子力の平和利用の推進を積極的に進めたことにより、多くの国が原子力の平和利用に参画していった。日本が連合国軍最高司令官総司令部（ＧＨＱ）による原子力に係る活動の禁止を解かれ、産業規模での原子力発電を本格的に開始するのも一九五三年の「平和のための原子力」演説以降のことである。

原子力の利用について、米国は当初は管理の側面の方を強調していた。広島・長崎への原爆投下の翌一九四六年、米国・英国・カナダの提案により立ち上げられた国連原子力委員会で、米国は、原子力の利用、特に核兵器の材料となる核物質を一元的に国際機関に管理させるという、いわゆるバルーク案を提示した。しかしこの提案は、いってみれば、米国以外の国はソ連も含め保有するウランなどの核物質のみならず核施設も全て国連の管理下に置くべきというものであったため、ソ連からの強い反対にあった。最終的には、一九四九年のソ連による核実験実施によって議論は骨抜きにされ、核物質を一元的に管理しようとする米国の試みは頓挫する(1)。

その後、国際社会における原子力の国際管理をめぐる議論は完全に手詰まりの状況が続くが、そのような中、米国が打ち出したのが上述の「平和のための原子力」演説であった。この演説で米国は、原子力の破壊的側面ではなく原子力から得られる恩恵に焦点を当て、原子力の国際管理ではなくむしろ平和利用の促進を強調し、米国が保有するウラン燃料などの核物質を積極的に他国に提供することを約束したのである。

アイゼンハワー演説をうけ、一九五七年に国際原子力機関(ＩＡＥＡ)が設立された。同年には欧州でも、原子力を活用するために欧州原子力共同体(ユーラトム)を設立することが決定され、翌一九五八年に活動を開始している。エネルギー源としての石油がまだ市場に充分に出回っていなかったことや、第二次世界大戦後の復興・発展からエネルギー需要が拡大していたことも、原子力の平和利用促進の当時の機運を後押ししていた。

一九五三年のアイゼンハワー演説を契機に多くの国が原子力利用に参画することとなり、そうした一九五〇年代後半の原子力利用の世界的な広がりがおのずと核兵器の拡散懸念を深め、一九六〇年代のＮＰＴ作成に向けた機運を高めることとなったのである。(2)

　ＮＰＴが発効してから四五年が経とうとしているが、原子力の平和利用は確実に進み、原子力発電分野だけをみても、二〇一三年一二月末時点で、既に原子力発電を導入している三〇以上の国に加え、今後二五か国が新規導入・拡大を計画している。一方で、核兵器国の数はかろうじて一桁にくいとめることができている。国際社会はＮＰＴを中心とする国際的な核不拡散体制を確立することにより核不拡散に取り組みながら、原子力の平和利用を促進してきたのである。しかしながらこれは、ＮＰＴ第三条に規定された保障措置を含むＮＰＴの不拡散義務を誠実に実施してきた日本をはじめとする非核兵器国による絶え間ない努力によるところが大きい。

　核不拡散と原子力の平和利用は、まさにコインの裏表をなし、これらを両立させることは、後述するＮＰＴの「グランド・バーゲン」の主眼でもある。ＮＰＴ再検討会議においては、「核不拡散」は主要委員会Ⅱで、「原子力の平和利用」は主要委員会Ⅲで取り上げられることとなっているが、本章では、ＮＰＴの三本柱の二つ「核不拡散」と「原子力の平和利用」をめぐり、近年のＮＰＴプロセスにおいてどのような議論が行われているのか、またなぜそのような議論が行われるのかについて、歴史的な経緯も交えながら紹介したい。

1　ＩＡＥＡの保障措置とＮＰＴ

1　NPTプロセスとIAEA保障措置

ＩＡＥＡ保障措置がＮＰＴを礎とする国際的な核不拡散体制の重要な柱であることについては締約国の間に異論はなく、近年の再検討会議においてその点が議論の的となったこともない。会議の成果を包括的な合意文書として採択することに成功した二〇〇〇年再検討会議の最終文書では、「ＩＡＥＡ保障措置は核不拡散体制の基本柱の一つ」(NPT/CONF. 2000/28 (Parts I and II) の三頁パラ六)と位置づけられており、二〇一〇年再検討会議の最終文書のレビュー部分でもこの文言がほぼそのままの形で採用されている。

では、近年のＮＰＴプロセスにおいてＩＡＥＡ保障措置をめぐり何が最も大きな争点になっているかというと、まずＮＰＴ第三条の「遵守」の問題がある。ＮＰＴには不遵守に関する規定はないが、第三条の保障措置については、第三条に基づいて非核兵器国が締結するＩＡＥＡ保障措置協定に不遵守の規定があることから、ＮＰＴの不遵守といった場合、必然的に第三条で保障措置の受け入れ義務を負っている非核兵器国の不遵守のみに焦点があたることになる。これに対し、ＩＡＥＡ保障措置協定不遵守をＩＡＥＡ理事会にて認定され安保理にも付託されたイランなどは特に、ＮＰＴ不遵守といった場合、第三条のみならず、核兵器国による核軍縮交渉義務を定めた第六条も対象として考えるべきであるとの主張を行っている。二〇一〇年再検討会議準備委員会の議題に「条約の完全な遵守(full compliance with the Treaty)」の文言が入ったのもこうした背景を踏まえてのものであったし、二〇一〇年再検討会議の最終文書に盛り込まれた行動計画に「すべての遵守問題に対応する(addressing all compliance matters)」(行動26)との文言が入ったのもこうした国々の立場をうけてのことであった。

NPT第三条の不遵守との関連ではさらに、イランをはじめとする非同盟運動(NAM)諸国の一部は、安保理を関与させることへの警戒心から、IAEAの役割、特にIAEA憲章に基づく対応を強調しようとする傾向があり、例えば二〇一〇年再検討会議の最終文書における行動27にはこうした立場が反映されている。なお、この観点からみると、国連安保理と総会の役割の重要性に触れた二〇一〇年最終文書のレビュー部分パラ一〇の文言(議長の責任でまとめられた部分であり、締約国の合意はない)は、西側寄りの文言となっており、この文言でコンセンサスを得ることが容易でないことは明らかであろう。

次に、より大きな争点として、一九九七年以降、NPT第三条が求めるIAEA保障措置を強化するための手段として導入された追加議定書の位置づけの問題がある。追加議定書そのものについては後段で詳述するが、一言でいえばこれは、NPT第三条に基づきNPT締約国である非核兵器国とIAEAとが締結する包括的保障措置協定に追加的な保障措置を規定すべく、一九九七年に新たに作成された文書である。一九九五年以降のNPTプロセスでは、この追加議定書が論点になっており、NAM諸国をはじめとする途上国の多くは、追加議定書の受諾がNPTの義務ではないという点をあくまでも強調しつつ、そうした立場が明らかとなるような文言を挿入しようと試みる議論が繰り返されている。西側諸国の多くは、追加議定書は包括的保障措置協定とは違い、NPT締約国の義務とまではいえないことに同意はしつつも、これが現代におけるNPT保障措置の標準(standard)であると主張することにより、全ての締約国が実態的に追加議定書を締結するよう促している。この全ての締約国が追加議定書を締結すべきとの考えがいわゆる追加議定書の普遍化と呼ばれるものであるが、NAM諸国もこの普遍化自体は必ずしも否定してない。ただし、普遍化はあくまでも各締約国の自発的意志によるもので、義務として行わなければならないものではない、というのが彼らの多くの主張である。こうした立場の違いをうけ、二〇一〇年の行動計画は、一九九五年再検討・延長会議で採択された決定「原則と目標」と二〇〇〇年再検討会議の最終文書に言及しつつも、追加議定書の具体的な位置づけについては明言を避けた形で採択されている。また、追加議定書の普遍化については、二〇一〇年の行動計画では、非常にニュアンスのある文言で、核兵器の完全廃絶が達成された際には、包括的保障措置と追加議定書は普遍化されるべきとの書きぶりとなっている(行動30)。

それではここで、NPT第三条の遵守の問題や追加議定書の普遍化といったNPT第三条をめぐる問題を理解するために、IAEA保障措置について若干踏み込んで説明することとしたい。

2 NPT成立以前のIAEA保障措置

イランの核問題や北朝鮮の核問題との関連で「IAEA保障措置協定違反」という表現を耳にすることが多いと思うが、この場合のIAEA保障措置協定とは、NPTに基づいてNPT締約国である非核兵器国がIAEAとの間で結んだ「NPT保障措置協定(いわゆる包括的保障措置協定)」のことを意味している。何故この点を指摘するかと言えば、IAEAはNPT成立以前から既に独自の保障措置協定を一部の国と結んでおり、これらNPT以前のIAEA保障措置協定と、NPTに基づき作成されたNP

Ｔ保障措置協定は、そもそものコンセプトからして大きな違いがあるからである。

第一章で述べられたとおり、ＩＡＥＡは一九五三年の「平和のための原子力」演説を契機に一九五七年に設立されたが、設立後すぐに保障措置実施機関としての機能を果たすことができたわけではなかった。一九四〇年代の核物質の国際管理構想と異なり、一九五三年のアイゼンハワー提案が原子力の平和利用の促進を強調したものであったことから、特にこれから原子力利用を始めようとする国々の中には、保障措置は持てるものと持たざるものとの間で差別を設けるものとなるのではないかとの懸念があった。実際、一九五七年一〇月から半年の間に保障措置についてＩＡＥＡ理事会が行った議論は、スタッフと予算に関するものが主で、ＩＡＥＡ加盟国の中には、保障措置はＩＡＥＡの主要任務ではないので、議論すらすべきではないとの声すらあった。

そうした中、ＩＡＥＡに初めて保障措置の実施を依頼したのが、日本とカナダであった。カナダからの天然ウラン輸入に伴い、日本はＩＡＥＡに保障措置の適用を要請することを決め、一九五九年三月、ＩＡＥＡとして初めての保障措置を日本に適用することが合意されたのであった。その後、二国間の原子力協力の需要の高まりをうけ、一九六一年、ＩＡＥＡは初めて保障措置の基本的な手続きなどを規定した保障措置文書（INFCIRC/26）[3]を作成する（この初めての保障措置文書は、熱出力一〇〇メガワット未満の原子炉を対象としたものであった）。一九六五年には、大型原子炉を含む全ての規模の原子炉を保障措置の対象とする文書（INFCIRC/66）が作成され、その後もこの INFCIRC/66 を改訂する形で対象施設を徐々に拡大した保障措置文書が作成され、一九六八年の INFCIRC/66/Rev. 2 の作成をもって、ＮＰＴ成立以前のＩＡＥＡ保障措置文書作成の作業は一段落を迎えた。

ここで注意を要するのは、これらの保障措置文書に基づくＩＡＥＡ保障措置は全て、個別の国の要請に基づき、どの施設・設備・核物質に保障措置を適用するかなど、保障措置の具体的内容や範囲については全てＩＡＥＡが各国と個別に交渉し、合意することになっていたことである。よって、実際に適用される保障措置の内容は、ＩＡＥＡが各国と個別に締結した協定ごとに異なっていた。また、基本的にこれらの保障措置は、原子力活動を実際に行う国が、他国（あるいはＩＡＥＡ）との原子力協力を前提に、ある国（あるいはＩＡＥＡ）から別のある国に移転された施設や設備・核物質が軍事転用されないことを確保するためのものであったことから、保障措置の対象は、協力に基づいて何が移転されるかにより、核物質の場合もあれば、施設や設備の場合もあったし、施設には保障措置がかかっているがその施設で使用される核物質には保障措置がかからないといったこともありえた。

ＮＰＴが採択される一九六八年までに三二か国がこのような個別の保障措置協定をＩＡＥＡとの間で締結していた。

3　ＮＰＴ保障措置（ＩＡＥＡ包括的保障措置）

このように、ＮＰＴが成立するまでＩＡＥＡは、原子力活動を実際に行う限られた国に対し個別の協定に基づく形で保障措置を適用してきたに過ぎなかった。ところが一九七〇年のＮＰＴ発効により、多くの国が非核兵器国としてＮＰＴに加入することが要請され、またそれが期待される中で、従来締結されてきた個別の保障措置協定とは異なる新たな保障措置の作成がＩＡＥＡに求められることとなった。

ＮＰＴ保障措置は、ＮＰＴ締約国である全ての非核兵器国がＩＡＥＡと締結するものであるため、同じ締約国でありながら異なる保障措置が適用されることは各国にとって受け入れられるものではなかった。そこでＮＰＴ保障措置には何よりもまず非差別的であることと、統一的なものであることが求められた。また、ＮＰＴは国際的な核不拡散条約として、核兵器製造能力を有しうる工業先進国のみならず国際社会を構成する全ての国の参加を想定した条約であることから、ＮＰＴに参加する全ての非核兵器国に保障措置を適用するとなれば、実際に原子力活動を行う数十か国だけではなく、百数十か国という国に保障措置を実施しなければならなくなることが予想された。さらに、ＮＰＴはＮＰＴ非核兵器国の国内にある「全ての平和的原子力活動下にある全ての核物質」にＩＡＥＡ保障措置が適用されなければならないことを規定していることから(ＮＰＴ保障措置が「包括的保障措置」と呼ばれる所以である)、ＩＡＥＡが適用しなければならない保障措置の対象が爆発的に増えることも予想された。すなわち、ＮＰＴ保障措置は、非差別的で統一的であると同時に、可能な限り効率的で合理的なものとなることが求められたのである。

このような要請に基づいて、ＩＡＥＡが作成したのが、ＮＰＴ保障措置(ＩＡＥＡ包括的保障措置)のひな形となる保障措置文書(INFCIRC/153)であった。以来、ＮＰＴ締約国である非核兵器国はこの保障措置文書(INFCIRC/153)に基づく形で、ＩＡＥＡとの間でＮＰＴ保障措置協定を締結してきている。

既に見たとおり、ＮＰＴ成立前にＩＡＥＡが行ってきた保障措置は協定ごとに保障措置の具体的内容に違いがあったのに対し、ＮＰＴ保障措置は、ＮＰＴ締約国であればどの非核兵器国に対しても同じ内容の保障措置が適用されるよう非差別的で統一的であることが求められた。これに加え、前者がＩＡＥＡ憲章に基づき「軍事転用」を防止することを目的としていたのに対し、後者は、ＮＰＴが禁止する

「核兵器またはその他の核爆発装置への転用」を防止することを目的としているという違いもある。(4)

さらに重要な違いとして、前者は核物質に限らず、施設や設備も保障措置の直接の対象とすることができたが、後者は保障措置の対象を核物質のみに限定し、施設や設備は直接の対象とはしていないことがあげられる。これは施設や設備に着目していたそれまでのIAEA保障措置からの大きな路線変更であった。その背景には、既に核物質に焦点をあてて保障措置制度を実施していたユーラトム保障措置が与えた影響はもちろんであるが、IAEAの人員や予算の制約、またそれに直結する効率性の問題があったといわれている。一〇〇か国以上の原子力関連施設や設備に、それまで行っていたような保障措置を適用することは現実的ではなかったし、当時の国際的な議論を通じ、核物質のみを対象としても効果的な保障措置制度を構築することは可能との考えができていたことから、最終的に核物質に着目するNPT保障措置が作成されたのである。

こうした状況の中で成立したNPT保障措置は、可能な限り合理的なものにするとの観点から、締約国の申告に基づき、IAEAが核物質の計量管理(すなわち帳簿管理)を行うことで、申告済みの核物質に転用がないことを確認するものとして、一九七〇年代以来各国に受け入れられてきた。

4 追加議定書

一九九一年の湾岸戦争後、国連安全保障理事会決議六八七の下に設置された国際査察団は、NPTに加入する非核兵器国であり、NPT保障措置協定(包括的保障措置協定)を締結していたイラクにおいて、IAEAに未申告の大規模な原子力計画があったことを発見する。しかも、イラクによる秘密裏の原子力計画は、当時保障措置の適用を受けていたツワイサ研究炉のすぐ近くで行われていたものであった。イラクは、濃縮技術の研究から、プルトニウムの分離、ロシアがツワイサ研究炉に提供した高濃縮ウランの転用にいたるまで、ＩＡＥＡの目と鼻の先で秘密裏に様々な核活動を推進していたのである。

ＮＰＴ第三条に基づくＮＰＴ保障措置は、締結国による申告をベースに、主に核物質の計量管理を行うことで、申告済みの核物質が核兵器または核爆発装置に転用されていないことをＩＡＥＡが検認するというものである。[5] しかしながら、イラクにおける秘密裏の核活動の発覚は、ＮＰＴ保障措置の下では未申告の核物質の存在をＩＡＥＡが探知することができなかったという意味において、その限界を露呈するものであった。同じ時期、北朝鮮もまたＩＡＥＡに未申告で核開発を行っていた疑惑が発覚し、[6] ＩＡＥＡはＮＰＴ保障措置の強化に乗り出すこととなる。この強化策は、「九三＋二計画」と呼ばれ、ＩＡＥＡはこの計画の下、ＩＡＥＡが有する既存の法的権限の中で可能な措置のみならず、新たな法的権限を付与するための方策の検討を行うこととなった。その結果一九九七年にＩＡＥＡが実現したのが、未申告の核物質の存在を探知するための追加的な法的権限をＩＡＥＡに付与する法的文書「モデル追加議定書」(INFCIRC/540)の採択であった。

モデル追加議定書に基づき、ＮＰＴ締約国である非核兵器国がＩＡＥＡと個別に締結する追加議定書は、各国が既に締結しているＮＰＴ保障措置協定と不可分一体の法的文書である。追加議定書の締結により、締約国は、ＩＡＥＡにＮＰＴ保障措置協定で求められていた以上の情報を申告しなければならなくなり、またＩＡＥＡがアクセスできる場所の範囲も拡大されることとなった。すなわち、核物質の計量管理に焦点をあてていたそれまでのＮＰＴ保障措置協定では求められなかった、核物質の関連しない活動の情報の申告や、核物質の所在しない場所へのアクセスもＩＡＥＡに対し認めなくてはならないこととなったのである。追加議定書は、申告された核物質の転用の有無のみならず、未申告の核活動がないことにも充分な保証を与えるべく、より広範な権限をＩＡＥＡに与えたのである。

追加議定書の導入により、ＩＡＥＡはそれまでの（帳簿管理が主な任務という意味においての）「会計士」から、入手可能な多くの情報を用いて未申告の活動を探知するという「探偵」に役割を変えたといわれる。しかしながら、上記でもみたようにＮＰＴに基づくＩＡＥＡ保障措置は、適用対象国の多さから、非差別性の原則はもとより、マンパワーや予算といった実際の組織上の制約の中で、いかにして全ての国が受け入れ可能な統一的・非差別的で効率的な制度を設けるかというところから出発していた。全ての国が受け入れ可能であるためには、客観的な基準が適用される必要がある。会計士の仕事は極めて定量的であるが故に、客観的であることに疑問を呈されることはまずなかった。しかしながら、「探偵」へと役割を変える時、何を求めどこに立ち入るか客観的な基準を設けることは難しく、適用される国の状況によって実施に差異が生じることもありうる。であるが故に、追加議定書に対して一定の警戒心をもって受け止められてしまうということを不可避にしているように思われる。

2　非核兵器国の義務と奪い得ない権利

一九五三年のアイゼンハワー提案により、一九六〇年代から七〇年代にかけて工業先進国をはじめとする世界各国で原子力の平和利用が推進されてきたが、一九七九年の米国スリーマイル島における原発事故、および一九八六年のチェルノブイリ原発事故はこの原子力の平和利用推進の動きに大きな影を落とすこととなった。各国で反原発の動きが高まり、予定されていた原発が建設中止となったり、そもそも原子力発電をエネルギー源として活用することをやめる国などもでてきた。ＩＡＥＡにおいても、特にチェルノブイリ原発事故以降、原子力発電の推進を唱えることはある意味タブー視されていたといわれる。このような事情をうけてか、特に一九九〇年から二〇〇〇年代初頭にかけては、ＮＰＴ再検討プロセスにおいても後に述べる「バランスの原則」の観点から原子力の平和利用促進の重要性が強調されることはあっても、それ自体が大きな争点とはなっていなかった。原子力の平和利用を扱うＮＰＴ再検討会議の主要委員会Ⅲでは、原子力の平和利用を促進するための技術協力と核物質の輸送、[7]原子力賠償といった問題が（とりわけ日本にとっては）重要な論点としてあげられる程度で、それほど大きな対立点は存在しなかったと言える。

その後、国際社会が原子力安全の強化、特に原子力安全条約の作成を始めとする原子力安全に関する様々な国際約束の策定やＩＡＥＡの場におけるガイドラインの作成などに取り組んだ結果、二〇〇〇年代に入る頃には徐々に原子力発電に対する嫌悪感や懸念といったものは解消されていった。二〇〇〇年代中頃からは、新興国などの経済成長や後に述べる米国主導の不拡散政策の強化などにより、原子力発電への関心が再び高まり、各国で原子力を導入する動きが活発になった。いわゆる「原子力ルネサンス」の到来である。

一方で、各国で原子力への関心が高まることに伴い、核不拡散や核セキュリティ、および原子力安全への取り組みが一層求められるようになった。それとともに、ＮＰＴ再検討会議における原子力の平和利用に関する議論に再び焦点があたることとなった。不拡散をはじめとする非核兵器国の義務と「原子力の平和利用の奪い得ない権利」のバランスの問題がNPT再検討プロセスにおいて再び大きな論点として取り上げられるようになったのである。

1 原子力の平和利用の奪い得ない権利

NPT第四条に規定された「原子力の平和利用の奪い得ない権利」は、NPT再検討プロセスのなかでNPTの三本柱である「核軍縮」「核不拡散」「原子力の平和利用」のバランスの観点から、非核兵器国を含む全ての条約当事国に保証されている権利である。一九九五年のNPT再検討・延長会議の際に採択された決定「核不拡散および核軍縮のための原則と目標(Principles and Objectives for Nuclear Non-Proliferation and Disarmament)」は、同会議にて採択された「再検討プロセスの強化に関する決定」「NPT延長に関する決定」、および「中東に関する決議」と並ぶ重要な成果であったが、タイトルには出てこないものの、二〇のパラグラフのうち七つが原子力の平和利用に関するものであった。この決定のパラグラフ一四は特に原子力の平和利用の奪い得ない権利について強調している。二〇〇〇年再検討会議では、一九九五年には採択できなかった包括的な最終文書が採択され、第四条はもとより、NPTの全ての条文につき、会議としての合意(確認事項がほとんどであるが)がより詳細に書き込まれ、原子力の平和利用の奪い得ない権利についても、会議としてこれがNPTの主要目的(fundamental objectives)の一つであることを確認している。

二〇〇五年再検討プロセスでは、一九九五年の無期限延長以降、非核兵器国によって原子力の平和利用の権利が最も強く主張されていたといえるかもしれない。その背景には、当時、ジョージ・W・ブッシュ共和党政権の下、米国が第六条の核軍縮義務を真っ向から否定し、強引なまでの核不拡散重視・推進政策を打ち出していたことがあるといえる。二〇〇三年の米主導によるイラク攻撃、二〇〇四年二月にブッシュ大統領が発表した不拡散に関する七項目提案など、当時の米国の政策は多くの途上国に警戒心を与え、反動的な対応を引き出すこととなった。

特に、ブッシュ大統領が七項目提案の中で、濃縮・再処理関連の技術・資機材の移転の禁止や、原子力協力にあたってのNPT保障措置協定追加議定書の供給条件化（IAEA追加議定書を締結していない国には原子力関連の資機材を供給しないことを求めるもの）を主張したことは、非核兵器国の原子力活動に対し新たな制限を設けようとするだけでなく、原子力の平和利用の権利をそもそも侵害しうるものとして、途上国から大きな反発を受けた[8]。またほぼ時期を同じくして、二〇〇二年八月にイランにおいて秘密裏の核関連施設の存在が発覚したことで、イランの核問題が国際社会の注目を集めていたが、NAM諸国の主要国の一つでもあるイランは、NPT再検討プロセスの場を利用して、原子力の平和利用の権利をことさらに強調していた。

二〇〇四年の第三回準備委員会では、このような情勢を反映して、NAM諸国は、軍縮における進展はもとより、平和利用の奪い得ない権利を強く主張したのに対して、米国は軍縮義務を否定しつつ、核不拡散強化を要求するという構図が極めて鮮明になっていた。二〇〇五年再検討会議は、会議日程の後半になるまで議題が採択できず、実質事項に関する議論がほとんど行われなかったが、会議に提出された作業文書からは、NAMが引き続き平和利用の奪い得ない権利を中心議題に据えていたことがみてとれる。

原子力の平和利用の奪い得ない権利を強調するのは、NAM諸国の代表的立場とみられがちであるが、NPTの起草が行われた一九六〇年代後半に遡れば、これは途上国のみの問題ではなく、日本も含む西側工業先進国にとっても重要な問題であったことが分かる。この点について、特にNPTのグランド・バーゲンともいわれる核軍縮、核不拡散、原子力の平和利用のバランスの問題をよりよく理解するために、NPTの起草過程における、原子力の平和利用の権利を規定した第四条をめぐる議論を振り返ってみたい。

2 非核兵器国の義務と奪い得ない権利のバランス論

第一章でも述べられているとおり、NPTで核兵器国として規定された米国、英国、フランス、ロシア、中国の五か国以外の国は、NPTに加入することにより、この第二条の義務を国際約束として受け入れ、非核兵器国として核兵器およびその他の核爆発装置の製造・取得を放棄することとなる。これがNPTは主権国家を核兵器国と非核兵器国の二つのカテゴリーに分類する不平等な条約といわれる所以であるが、五核兵器国以外の国は少なくとも完全に無条件でこのような差別を受け入れたわけではなかった。

核兵器国と非核兵器国とを分類し現在のNPTの原型を提示したともいえるアイルランド決議(国連総会決議一三八〇(XIV))が初めて国連で採択されたのは一九五九年であったが、その後、一九六〇年のフランスによる核実験、一九六四年の中国による核実験を経て、NPTの本格的な交渉が開始されるのは、一九六五年八月の米国による条約案提出、および同年九月のソ連による条約案提出をもってであった。注目すべきは、この時点で、米国条約案にもソ連条約案にも、締約国の原子力の平和利用の権利については、どのような文言も一切盛り込まれていなかったことである。米・ソ条約案の中心は、現在のNPT第一条および第二条に規定される核拡散を防ぐための核兵器国の義務と非核兵器国の義務のみであった。

しかしながら、NPTの具体的な起草作業が行われた一九六〇年代というのは、一九五三年の「平和のための原子力」演説およびそれに基づく一九五七年のIAEA設立などにより、第二次世界大戦終結直後とは異なり、原子力が兵器としての破壊力のみならず、経済発展を目指す多くの国にとって、貴重なエネルギー源として、その平和利用からもたらされる恩恵が既に多くの国の間で認識されていた時期であった。

米国とソ連がNPTの具体的な条文案を提示した直後の一九六五年一一月、国連総会は「核兵器の不拡散」と題する決議(二〇八八(XX))を採択する。この決議において当時の国連加盟国は、前文にて、米国・ソ連それぞれによる条文案の提出につき留意し、「核兵器の拡散を防ぐ」のための条約を締結するために引き続き努力することは必須であるとした上で、そのような国際条約が基本とすべき原則について合意している。この原則の中に含まれるのが、今日に至るまでNPTのグランド・バーゲンとも呼ばれるバランスの原則、すなわち、「[その]条約は核兵器国と非核兵器国との間の相互の責任と義務の受諾可能な均衡を含むものでなければならない」という原則である。

一九六五年を皮切りに始まったNPT条約交渉では、米ソが中心的役割を果たし、特に米ソ共同提案提出以降は、米ソとして一部の条文案については一切の修正を受け入れないとの立場を示すなど、その影響力には絶大なものがあったが、そうした中にあっても、日本を含む多くの非核兵器国は、この国連総会決議二〇八八を拠り所に、あり得べきＮＰＴの中で、核兵器国と非核兵器国の権利・義務にバランスがもたらされるよう主張したのであった。非核兵器国が様々な提案を行ったことにより、一九六七年八月に米ソが共同で提出した米ソ同一条約案（第一次案）には、ほぼ現在の第四条と同じ文言で原子力の平和利用の権利が盛り込まれることとなったが、これは、原子力の平和利用から受けられるであろう恩恵を核兵器国のみに独占させることを核兵器国以外の国がよしとしなかった証左といえる。

ＮＰＴの主目的はあくまでも不拡散であるが、バランスの原則から考えると、原子力の平和利用の促進はある意味、非核兵器国に与えられた代償ともいえるものであり、非核兵器国の多くが、ＮＰＴの三本柱である原子力の平和利用を強調する所以となっている。「原子力の平和利用の奪い得ない権利」は、主権国家を核兵器国と非核兵器国に分類することで不平等条約と呼ばれることもあるＮＰＴに多少なりとも均衡性を与えるものとして決して軽視してはならない論点なのである。

3　第四条の制約

第四条の形成過程をみると、核兵器国による一方的な義務の押し付けに対し、非核兵器国がわずかながらも自らの権利を主張し、核兵器国と非核兵器国の義務と責任のバランスの観点から、具体的な条文の一つとして自らの「権利」を導入させたということが分かる。

一方で、ＮＰＴ第四条一の末尾にあるとおり、第四条は、不拡散義務を定めた第一条と第二条に従うと規定されており、この条約の主要な目的は核兵器不拡散であり、原子力平和利用はその目的に矛盾しない範囲で認められているということを示している。さらに、一九九〇年代に入り、北朝鮮の核問題、イラクの核問題の発覚をうけ、一九九五年再検討・延長会議で採択された決定「原則と目的」の中では、平和利用の奪い得ない権利は、第一条、第二条のみならず、これらの不拡散義務を遵守していることを担保するための非核兵器国による保障措置の受け入れ義務を規定した第三条にも従わなければならない旨明記された。この第三条の追加は二〇〇〇年再検討会議の最終文書でも引き継がれている。二〇〇五年および二〇一〇年の再検討会議に提出されたＮＡＭの作業文書の中でも、三条を含めた形で言及が行われていた。しかしながら、自国のＩＡＥＡ保障措置協定違反問題との関係からか、二〇一〇年再検討会議プロセスでは、特にイランが第三条への言及を問題視し、二〇一〇年再検討会議に提出されたＮＡＭの作業文書では、第三条への言及は削除されている。

４　平和利用促進のための協力――ＩＡＥＡの技術協力と平和利用イニシアティブ

ＮＰＴ第四条は原子力の平和利用の奪い得ない権利を規定すると同時に、原子力の平和利用促進のために締約国に協力を行うことを要請している（第四条二）。平和利用促進のための協力は、ＩＡＥＡ設立のそもそもの目的の一つでもあった。ＮＰＴの「グランド・バーゲン」の不拡散義務とのバランスを保つという意味では、単に平和利用の奪い得ない権利が認められているだけでなく、平和利用を促進するための協力が重要であるとの認識が、主に途上国などから示されていた。

二〇一〇年ＮＰＴ再検討会議の最終文書でも、行動52～56で締約国に対する平和利用促進のための協力の重要性について言及している。

近年この第四条二に基づく具体的な取り組みとして、二〇一〇年NPT再検討会議にてヒラリー・クリントン米国務長官（当時）が提唱したのが、「平和利用イニシアティブ（PUI：Peaceful Uses Initiative）」である。米国は、このイニシアティブの下、五年後の二〇一五年再検討会議までにIAEAが行う原子力の平和利用分野での活動に、各国から合計一億ドルの拠出を呼びかけ、うち五〇〇〇万ドルについては米国が拠出する旨を表明した。このイニシアティブの下、二〇一四年四月までに、米国以外のIAEA加盟国および欧州連合（EU）から計六六〇〇万ドルの資金がIAEAに拠出され、原子力発電、環境保護、水資源管理、農業、保健といった分野における原子力利用のための活動に活用されている（日本も二〇一一年から毎年二〇〇～三五〇万ドルの拠出を行っている）。

IAEAには従来、途上国における原子力の平和利用促進のための「技術協力基金」[9]があり、これまでこの基金を通じて途上国に対する支援を行ってきたが、平和利用イニシアティブにより、この基金ではそれまで手当てできなかった活動などに資金を当てることが可能となった。IAEA技術協力基金は、通常予算と同様、IAEA加盟国の合意により予算規模が決められ、分担率に応じ全てのIAEA加盟国に拠出を求められる基金であるが、平和利用イニシアティブによる基金は完全な任意拠出に基づくものであるため、拠出額についてもその執行についても、より柔軟な対応が可能となる。途上国にとっては、原子力の平和利用に関する活動に対し、完全に追加的な資金源を得たこととなり、二〇一四年に行われた二〇一五年NPT再検討会議第三回準備委員会の場でも多くの国から感謝の意が表明された。

米国は、核不拡散だけではなく、NPTの三本柱の一つである原子力の平和利用をも重視していることを、ＰＵＩという具体的貢献策をもって示そうとしているものと考えられる。

3　核セキュリティ

ＮＰＴにおける権利・義務のバランスの観点から、ＮＰＴプロセスにおける核セキュリティ（nuclear security）の扱いについても一言触れておきたい[(10)]。

核テロの脅威が現代ほど認識されていなかったＩＡＥＡ設立時やＮＰＴ起草時においては、核セキュリティという言葉はまだ使われていなかったが、核物質をテロリストや犯罪者など無法者の手から守るという意味で「核物質防護（physical protection）」という考えは既に存在していた。一九八〇年には「核物質防護条約」が署名解放され、一九八七年に発効している。ＩＡＥＡにおいては、モハメド・エルバラダイ前事務局長の時代（一九九七〜二〇〇九年）から、核セキュリティがＩＡＥＡの重要な任務の一つとして位置づけられている。それでも、一九五七年に発効したＩＡＥＡ憲章には、「核セキュリティ」という言葉が登場しないため、ＩＡＥＡの場においては長い間、これをＩＡＥＡの主要任務の一つと位置づけることに抵抗を感じ、特に予算の割当てなどの面で異議を唱える国が少なからずあった。

ＮＰＴプロセスの中で、それまで伝統的に取り上げられてきた「核物質防護」としてではなく、「核セキュリティ」という言葉で本格的に取り上げられるようになるのは、二〇〇九年オバマ大統領によるプラハ演説、および核セキュリティをＮＰＴの四本目の柱とすべきとした二〇〇九年の英国提案以降である。なお、これに先立つ二〇〇八年、原子力発電に対する途上国の期待の高まりをうけ、日本政府は

G8洞爺湖サミットにて、核セキュリティを含む3S（safeguards, safety, security の三つのS）の概念を打ち出し、原子力の開発にあたっては、核セキュリティを含む三つのSの確保が必要であることを強調していた。二〇一〇年再検討会議では、最終文書の行動計画に初めてこの「3S」の概念とその重要性が盛り込まれたが、これは会議で原子力の平和利用を担当する主要委員会Ⅲの議長を務めた日本が、各国に粘り強く説明し調整を行った成果であった。

オバマ大統領のプラハ演説を踏まえ、米国政府は、二〇一〇年四月、世界四〇か国あまりの国の首脳の参加を得て、初めての核セキュリティ・サミットをワシントンにて開催し、核テロ対策、すなわち各国による核セキュリティ確保の重要性につき、認識を共有することを試みた。しかしながら、同年四月末から五月にかけて開催された二〇一〇年再検討会議では、核セキュリティに対する各国の関心はまだそれほど高まってはいなかった。多くの国、特に、まさにこれから新規に原子力発電を行おうとしている途上国の間では、原子力の平和利用に新たな制約をかけようとするものとして、核セキュリティ推進に対する警戒心は強く、最終文書の中で核セキュリティをどのように書き込むかといった点においても困難が伴った。しかしながら、二〇一〇年以降、ソウルにおいて第二回核セキュリティ・サミットが、ハーグにおいて第三回核セキュリティ・サミットが開催され、それぞれのサミットに向けた準備プロセスなども通じて、核セキュリティに対する多くの国の意識が良い方向に変わってきている。二〇一四年の二〇一五年NPT再検討会議第三回準備委員会においても、核セキュリティについては懐疑的な見方よりもむしろ、その重要性や核セキュリティ強化に向けた自国の取り組みを紹介する発言が途上国を含む多くの国から表明されていた。

核セキュリティに関する詳細な議論は主にＩＡＥＡの場や核セキュリティ・サミットにて行われており、ＮＰＴプロセスでは、成果文書の中でも一般的な文言にて言及することが選好され、各国の基本的立場が主に取り上げられるにとどまっている。その際、核セキュリティの確保ないし向上について異論を唱える国がないことは事実であるが、核セキュリティは、（特にこれから原子力の平和利用を進めていこうとする）非核兵器国に新たな義務や制約を課すものとして、非核兵器国の義務と権利のバランス論の観点から論点とされることがあることには注意が必要である。核セキュリティをめぐる議論の中で、軍事用の核物質も核セキュリティの対象とすべきとの主張は、こうした義務と権利のバランス論を背景にしていることが多い(11)。また、ＮＰＴ締約国の中には、核セキュリティ・サミットに招待されていない国もあるので、核セキュリティ・サミットそのものに言及することについて異論がでることが暫しある。

４　核燃料の国際管理構想

原子力の平和利用と核不拡散の関係で、二〇〇五年再検討会議の前後で大きな論点となった問題がある。核燃料の国際管理構想である。核燃料の国際管理構想は、二〇〇四年にブッシュ米大統領が不拡散のための七項目提案の中で、既に行っている国以外による濃縮・再処理のいわば禁止を打ち出したことにより大きな争点となったが、核物質や核燃料の国際管理自体は古くからある議論で、その起源は一九四〇年代半ばに原子力の国際管理が初めて提唱された時代にまで遡る。二〇〇〇年代になってはじめて登場した論点ではない。

二〇〇〇年代の議論についていえば、二〇〇三年の時点で既にエルバラダイＩＡＥＡ事務局長（当時）が、核物質の多国間管理構想について『エコノミスト』誌に寄稿を行っていた。エルバラダイ事務局長の提案はその後、「核燃料サイクルの多国間アプローチ（ＭＮＡ：Multilateral Approaches to the Nuclear Fuel Cycle）」としてＩＡＥＡ加盟国に提案されるが、その主眼は、翌年になされたブッシュ大統領提案のように濃縮・再処理を一方的に禁止するのではなく、核燃料サイクルを多国間で行うことで、経済的合理性の観点から、各国が独自に濃縮・再処理を行うことへの魅力を低減させることにより、濃縮・再処理という機微な技術が世界中に拡散することを防ぐ、というものであった。核燃料の国際管理については、二〇〇四年から二〇一〇年にかけて、エルバラダイ構想の他にも、フランス、ドイツ、ロシア、オランダ、英国、米国による六か国提案とよばれるものや、英国による「ボンド提案」、ロシアの「アンガルスク国際ウラン濃縮センター提案」、ドイツによる「濃縮サンクチュアリー提案」、米国の有力なシンクタンクである核脅威イニシアティブ（ＮＴＩ：Nuclear Threat Initiative）による「低濃縮ウラン・バンク構想」など様々な提案がなされた。これらのうち、これまでに、アンガルスク国際ウラン濃縮センターに関するロシア提案と、低濃縮ウラン・バンクを設立するＮＴＩ提案が、それぞれＩＡＥＡ理事会の承認をうけ、実現されることとなっている。

二〇〇四年のブッシュ大統領提案は、原子力の利用の世界に「持てる者」と「持たざる者」の差別を新たに設けるものとして多くの国から反発をうけた。二〇〇五年再検討会議では争点の一つと数えられていたが、ＩＡＥＡにおける様々な議論の過程で、多くの国にとって受け入れ可能な核燃料の国際管理とは、各国の権利を侵害するものではなく、核燃料の入手が困難となった場合などに各国が頼れる制度であるとする方向で議論が進んだため、二〇一〇年再検討会議では大きな争点とはならなかった。上述のアンガルスク国際ウラン濃縮センターも低濃縮ウラン・バンクも各国に何ら制約を課すものではなく、非常事態が生じた場合等に利用できる一つの選択肢として受け止められている。

ＮＰＴにおける権利・義務のバランスの観点から、非核兵器国は特に原子力の平和利用の権利に対する新たな制約や規制に敏感であり、今後も核燃料の国際管理について何か新たな提案が行われるとなれば、ＮＰＴプロセスにおいても再び大きな論点の一つとなるであろう。

おわりに

日本においては、ＮＰＴ再検討会議といえば核軍縮、核廃絶のみに焦点があてられがちであるが、再検討会議の三つの主要委員会のうち、主要委員会Ⅱのテーマである「核不拡散」と、主要委員会Ⅲのテーマである「原子力の平和利用」は、第一章などでも述べられているとおり、国際的な核不拡散体制の礎とされるＮＰＴという枠組みの持つ意味を理解し、その下で核軍縮、核廃絶を目指すために、看過されてはならない分野と考える。

核不拡散という点からみると、インド、パキスタン、イスラエルの三か国を除くほぼ全ての国がＮＰＴに参加していることからも明らかなように、一九七〇年のＮＰＴ発効以降、国際社会は五核兵器国以外が核兵器の開発・取得を防ぐことを主要な目的とする国際的な核不拡散体制を、ＮＰＴを中心に着実に積み上げてきたといえる。イランの核問題も北朝鮮の核問題も、現在のＮＰＴ体制がなければ国際義務違反として糾弾することはできなかったであろう。

核軍縮が思うように進まない中、NPT三本柱のうちの一つである原子力の平和利用は、条約に参加することで自らは核兵器開発を放棄するとの国際約束を結んだ非核兵器国にとって、NPT体制にコミットし続ける重要な拠り所となっている。NPTによって課された保障措置をはじめとする不拡散義務を誠実に履行している限りにおいて、NPT締約国である非核兵器国の原子力の平和利用の権利は阻害されてはならないし、特に核軍縮を進めていない核兵器国がこのことに十分注意を払うことが、NPT体制の維持・強化にとって不可欠だと考える。

(1) ソ連は、一九四六年に、まずは米国の核兵器と核施設を国際管理の下に置くことから始めるべきとのグロムイコ案を対案として提出するが、当然のことながら米国はこれを拒否し、その後、一九四九年のソ連による核実験実施をうけ、具体的な成果を出せないまま国連原子力委員会は解散した。

(2) 原子力の平和利用が世界中で行われるようになったことにより、一九六〇年時点で日本や西ドイツなどの工業先進国を中心に二六か国が潜在的核兵器国としてあげられるようになっていた。

(3) INFCIRC は、Information Circulars の略で、IAEAが情報共有のために加盟国に配布する回覧文書のこと。INFCIRC の後に番号が付されて、「INFCIRC/(番号)」の形で配布されることから、保障措置文書などIAEAにとって特に重要な文書などは、この文書番号をとって「INFCIRC/…」と呼ばれることが多い。INFCIRC として配布される文書には、IAEA作成の文書から、加盟国の要請で配布される加盟国作成の文書まで様々なものがある。

(4) NPT保障措置の目的は、核兵器や核兵器の製造そのものを探知することではない。その目的はあくまでも、締約国である非核兵器国の平和的な原子力活動下にある核物質(原料物質と特殊核分裂性物質)が核兵器またはその他の核爆発装置に転用されていないことを適時・早期に探知することにある。これはすなわち、NPTに基づくIAEA保障措置では、核兵器や核爆発装置が製造されていることを証明するのではなく、「転用がない」ということを検証することが求められているということである。NPT保障措置はまた、転用を物理的に防ぐことを目的とするわけでもない。転用を適時に探知する体制をとることで、(抑止効果として)転用を間接的に防ぐことを目的としたものである。

(5)　なお、IAEAは、包括的保障措置協定に規定された「特別査察」を用いることにより未申告の施設についても検証する権限を有してはいるが、この「特別査察」を実施するためには対象国の同意が必要となるため、前政権の核活動を検証しようとしたルーマニアの例をのぞき、これまで一度も使われたことがない。IAEAは一九九三年に北朝鮮に対する特別査察の実施を決定したが、北朝鮮がその受け入れを拒否したため、実施には至らなかった。

(6)　一九九二年、IAEAが北朝鮮による申告に基づいた検証を行う中で、北朝鮮がIAEAに未申告でプルトニウムの製造を行っていた疑惑が発覚したもの。

(7)　なお、輸送については、近年、核物質の輸送時の脅威に対する懸念が国際的に高まっていることを背景に、核セキュリティの観点から再び関心が高まっている。二〇一一年一月に公表されたIAEA核セキュリティ勧告文書改訂第五版(INFCIRC/225 Rev. 5)では、新たに「輸送中の核物質への妨害破壊行為に対する措置の検討」の項目が追加され、輸送時の妨害破壊行為に対する具体的な防護措置、妨害破壊行為による放射線影響を緩和・最小化するための措置、妨害破壊行為に対する核物質の物理的防護要件、輸送時に盗取された核物質を発見・回収するための措置、そのための危機管理計画の作成などが追加された。

(8)　濃縮・再処理関連の技術・資機材の移転の禁止は、供給国側の産業活動も制約するものであったため、そのまますぐに国際社会で受け入れられたわけではなかった。原子力供給国グループ(NSG)が、ブッシュ提案を踏まえる形で輸出のためのガイドラインとして、濃縮・再処理技術の移転に以前よりも厳しい基準を設けたのは、七年後の二〇一一年のことであった。その間、原子力の駆け込み需要と呼ばれる、持たざるものとなる前に原子力産業に参入しようとする国が増え、原子力ルネッサンスが到来したことは皮肉なことであった。

（9）ＩＡＥＡが加盟国からの要請に基づき、保健、農業、食品安全保障、水資源の管理、環境保護、放射線等の物理的および化学的応用、持続的エネルギー開発などの分野において原子力の技術協力活動を実施するために設立された基金。

（10）日本では、nuclear securityを「核安全保障」と訳されることがあるが、これは非常に誤解を招く訳し方である。「核セキュリティ」での「security」は、いわゆる国家安全保障の文脈などで使われる「security」ではなく、例えば警備や警護といった意味での「セキュリティ」に近い。つまり、核セキュリティとは、防衛や軍事問題としての核兵器が関係する国対国の安全保障の話ではなく、「核物質、その他の放射性物質、その関連施設およびその輸送を含む関連活動を対象にした犯罪行為又は故意の違反行為の防止、探知及び対応」のことであり、一言でいえば、核テロ対策の話だからである。

（11）軍事用の核セキュリティは自国が十分対策をとっているので、多国間の場で議論する必要はないというのが核兵器国の基本的立場であった。この点、米国が二〇一四年三月のハーグ核セキュリティ・サミットにて軍事用の核物質に対する核セキュリティの需要性を強調したことは画期的であった。

第五章　中東の核兵器拡散問題と対応

戸崎洋史

はじめに

核兵器不拡散条約（ＮＰＴ）と、これを中心とするＮＰＴ体制は冷戦後、ＮＰＴに加入せず核兵器（能力）を保有する国の存在、およびＮＰＴ締約国である非核兵器国による核兵器の取得やその模索という両面から核兵器拡散の挑戦に晒されてきた。その地理的な焦点は、北東アジア、南アジアおよび中東という三つの地域に絞られつつある。このうち、中東の核兵器拡散問題の特徴には、他の二地域とは異なり、上記の両面の問題が並存すること、三つ以上の国が実際に核兵器取得を試みてきたこと、安全保障環境の不安定性や地域諸国間の敵対・ライバル関係の複雑性から核兵器の一層の拡散、あるいはその連鎖が強く懸念されてきたこと、ならびに核兵器以外の大量破壊兵器（ＷＭＤ）も少なからず拡散してきたことなどが挙げられる。

さらにＮＰＴ再検討プロセスでは、中東という一地域の問題に、特別な対応が講じられてきた。その嚆矢となったのは一九九五年の再検討・延長会議であり、「条約の再検討プロセスの強化」「核不拡散および核軍縮のための原則と目標」および「NPTの延長」という三つの決定に加えて、中東問題だけを取り上げた「中東に関する決議」(以下、「中東決議」)がコンセンサスで採択された。続く二〇〇〇年の再検討会議では、アラブ諸国の要求を受け、他地域の問題も取り扱うことを条件に、主要委員会IIの下に「中東、および一九九五年の中東決議の履行を含む地域問題」を検討する補助機関(subsidiary body)2の設置が合意された(補助機関1は核軍縮問題)。同様の補助機関は二〇〇五年および二〇一〇年の再検討会議でも設置され、それぞれの準備委員会では、核不拡散問題を扱うクラスター二で特別に時間を割り当てて議論する「特定の問題(specific issue)」に中東問題を含む地域問題が設定された。さらに、二〇一〇年の再検討会議で採択された最終文書の「結論、および今後の行動のための提言」には、核軍縮、核不拡散および原子力の平和利用――いわゆる「NPTの三本柱」――と並んで、「中東、特に一九九五年の中東決議の履行」が独立した節として設けられた。

中東の核拡散問題は、核不拡散措置の不備や問題点を顕在化させ、その見直しや強化が図られる契機となるなど、NPT体制をめぐる動向に少なからず影響を与えてきた。しかも、中東問題は核軍縮問題とともに、冷戦後に開催されたNPT再検討(・延長)会議の成否を決定づける問題の一つとなってきた。

本章では、第一に、中東の核兵器拡散問題がNPT体制に与えてきた含意を、また第二に、一九九五年から二〇一〇年にかけての再検討プロセスにおいてなされた中東問題に係る議論を、それぞれ概観した上で、第三に、二〇一〇年再検討会議以降の動向、ならびにNPT体制の文脈から中東における核拡散問題の今後について、中東非WMD地帯問題およびイラン核問題を中心に考察することとしたい。

１　中東の核兵器拡散問題とＮＰＴ体制への含意

１　中東の核兵器拡散問題

中東では複数の国々が核兵器の取得に強い関心を持ち、その実現を試みてきた。その要因としてまず挙げられるのは、緊張度の高い地域の安全保障環境である。第二次大戦終結以降、この地域ではアラブ・イスラエル紛争や中東イスラム諸国間の武力衝突、あるいは非国家主体のテロ・ゲリラ活動が絶えず、域内諸国は国家間関係において、また国内政治的にも、力（パワー）、なかでも軍事力の保持と強化を重視してきた。覇権やリーダーシップをめぐる競争において、軍事力の優越が大きな意味を持つ地域でもある。さらに、世界有数の産油地帯で地政学的にも重要な中東には、域外の大国、特に冷戦後は米国が積極的に関与し、時に地域諸国との武力衝突を繰り返してきた。

こうした中で、いくつかの中東諸国は核兵器が、敵を抑止する手段として、地域的な大国の象徴として、あるいは国内的にも政権の権威の象徴として、重要な役割を担うと考えたのである。しかも、中東では冷戦期から複数の国が化学兵器を保有し、イラン・イラク戦争でのイラクによるマスタードガスや神経ガスの使用、また近年ではシリア内戦でのサリンの使用など、実際に化学兵器が使用されてきた歴史がある。中東イスラム諸国からは宗教上、あるいは化学兵器の犠牲になった経験から、核兵器を含むＷＭＤは許されないと強い主張がなされる一方で、地域におけるＷＭＤ拡散・使用の歴史を振り返ると、他の地域と比べて、中東諸国のＷＭＤの保有や使用に対するハードルは高くはないようにも感じられる。

地域で唯一のNPT非締約国であるイスラエルは、冷戦期より核兵器保有の有無を明言しない「曖昧政策」を維持しているが、実際には、現在までに八〇発ほどの核弾頭を保有しているとみられる。一九四八年の独立直後からアラブ諸国と戦争を繰り返し、またユダヤ人迫害の経験から自国の安全保障を他国に委ねないとするイスラエルは、国家生存を最終的に保証する手段として、一九五〇年代に核兵器開発に着手したとされる。イスラエルに対しては、NPTの普遍性の観点から(1)、また地域レベルでは緊張関係にある中東イスラム諸国が安全保障上の重大な脅威だとして、核兵器能力の放棄と、非核兵器国としてのNPT加入を繰り返し求めてきたが、実現には至っていない。イスラエルはNPTだけでなく、生物兵器禁止条約(BWC)に署名・批准しておらず、包括的核実験禁止条約(CTBT)および化学兵器禁止条約(CWC)を批准していない。

他方、NPT締約国による核不拡散義務違反(不遵守)問題としては、これまでにイラク、イラン、リビアおよびシリアの秘密裏の核活動が発覚し、国際原子力機関(IAEA)保障措置協定違反として国連安全保障理事会(安保理)に報告されてきた。

このうちイラクは、核関連施設の建設や大量のウラン保有をIAEAに申告しなかったこと、IAEAに未申告で濃縮・再処理技術の研究開発をも推進したこと、さらには核爆発装置の一九九一年までの製造を目指していたことが、一九九一年の湾岸戦争後に行われた安保理決議六八七の下での査察の結果、明らかとなった。包括的保障措置を受諾しながら秘密裏に核兵器開発を推進し、IAEAがこれを探知できなかったという事実は大きな衝撃を与え、NPT体制の信頼性を揺るがした。同時期に発覚した北朝鮮の核開発問題とともに、イラク問題はNPT体制強化の契機となり、IAEAは未申告の核物質や核活動の探知を可能にするような保障措置制度の検討を進め、一九九七年にモデル追加議定書を採択した（第四章参照）。また、イラクの核兵器開発は、原子力専用品に焦点を当てていた輸出管理の網をかいくぐるべく、核兵器開発にもその他の民生目的にも利用可能な汎用品を積極的に活用していたことから、原子力供給国グループ（NSG）は一九九二年に、汎用品の規制を盛り込んだガイドラインを採択した。

二一世紀に入り、喫緊の核兵器拡散問題と位置づけられたのが、イランによる核開発である。IAEAに未申告のままウラン濃縮施設（ナタンズ）および重水研究炉（アラク）を建設していたことが二〇〇二年に発覚し、その後、核弾頭の起爆装置にも利用可能な高性能爆薬の実験など、核計画の軍事的側面（PMD）を疑わせる活動も明らかになった。しかしながらイランは、核兵器取得の意図を一貫して否定し、NPT第四条で認められた原子力の平和利用の「奪い得ない権利」の行使だとして、その後もウラン濃縮施設（フォルドゥ）や軽水炉（ブシェール）の新規建設、ウラン濃縮に用いられる遠心分離機の開発・増設、濃縮度二〇パーセントのものを含む濃縮ウランの生産、あるいは重水炉の建設を続けた。イランが核兵器取得の意図を有しているか否かは必ずしも明らかではないが、核兵器取得に係る最終決定は下していないものの、たとえば取得の決定から短時間に核兵器を製造する能力（ブレイクアウト能力）を保持したいと考えているのではないかと懸念されている。

2　イラン核問題のNPT体制への含意

イラン核問題がNPT体制をめぐる議論に与えた含意は少なくない。第一に、濃縮・再処理活動を非核兵器国にどこまで、またいかなる態様で許容し得るかという議論を再燃させた。NPT上は、平和目的でIAEA保障措置下であれば濃縮・再処理活動も認められる。実際に、日本は濃縮・再処理活動を行っており、いくつかの非核兵器国もウラン濃縮活動を継続してきた。しかしながら、濃縮・再処理は、核兵器用核分裂性物質の生産も可能になるという点で、核兵器拡散の観点から最も機微な活動でもある。だからこそ、安保理決議一六九六(二〇〇六年七月)ではイランに濃縮・再処理活動の完全かつ継続的な停止が要求され、これに対してイランがNPT第四条下の権利の侵害だと強く反発するという構図が生まれたのである。またイラン核問題の発覚後、一九七〇年代に議論となった核燃料サイクルの多国間管理構想がモハメド・エルバラダイIAEA事務局長によって二〇〇三年に改めて提唱され、燃料供給保証などの検討が続いている。NSGでは二〇一一年六月に、濃縮・再処理技術移転の規制強化が合意された。

第二に、NPT上は必ずしも違法とは言い切れない活動や行為を核兵器拡散問題の観点から、どう捉えるかの難しさである。イランは、核施設の建設をIAEAに申告しなかったことが問われた問題について、保障措置協定違反だが多分に技術的な問題だったと主張する。(2)これに対して、米国など西側諸国やIAEAが懸念するのは、イランの未申告の核活動が、非核兵器国に核兵器取得の禁止を義務づけるNPT第二条違反につながる重大な問題となる可能性である。IAEAは、イランが申告した核物質については核兵器に転用されていないことを検証できているが、追加議定書の批准や履行、IAEAへの最大限の協力、未解決問題の解決のための透明性の向上なしには、イランに未申告の核物質・核活動がなく、その核計画が完全に平和目的であるとの保証を提供できないとしている。だからこそイランに対して、核計画が平和目的であることを示すためにも、PMD問題の疑惑の払拭などが求められてきている。

第三に、NPT体制の実効性、すなわち発覚した不遵守に適切かつ効果的に対応できるかという問題である。イランに対しては、安保理決議一六九六でIAEA理事会の要求する濃縮・再処理活動の停止を求めた後、安保理決議一七三七(二〇〇六年一二月)以降の累次の安保理決議で国連憲章第七章下の非軍事的措置が定められ、さらに米国など西側諸国は金融措置やイラン産原油の輸入制限といった独自制裁も科した。しかしながら、非軍事的措置は一般に遅効性で、短期的な効果は見えづらく、イランは逆にウラン濃縮関連活動の一層の推進で応じた。イランに対する軍事オプションについても、地下に、あるいは分散して建設されたイランの核関連施設を軍事的に完全に破壊するのは難しく、イランによる報復攻撃のリスクもあり、容易には決断できないし、イランもこれを認識していれば、圧力としての効果も激減する。

第四に、核関連資機材・技術の調達の巧妙化である。イランは、パキスタンのカーン・ネットワークなど「核の闇市場」から核関連資機材を調達していたことを認めた。また、北朝鮮との弾道ミサイル、さらにはWMD開発協力の可能性も懸念されている。イランに加え、リビアはカーン・ネットワークから遠心分離機用の資機材の入手を試み、シリアは北朝鮮の協力のもとで黒鉛減速炉を建設していたとされる(建設中の二〇〇七年九月にイスラエルの空爆により破壊された)。こうした不法な取引を防止するため、輸出管理や拡散安全保障構想(PSI)(3)の実施体制の強化が重要視された。

第五に、中東における核拡散の連鎖を招く可能性である。たとえば、ペルシャ湾岸地域におけるイランの影響力拡大を懸念するサウジアラビアが、イランに対抗して核兵器の取得を目指す可能性が懸念されてきた。真偽は不明だが、パキスタンの核兵器開発に対する投資の見返りとして、サウジアラビアが必要な際には核兵器を受領するとの秘密の取引があるとも伝えられている。

さらに、他の中東諸国が原子力の平和利用への関心を高めつつある理由の一端に、イラン核問題が全く関係していないとは考えにくい。そうした国々へと拡がる原子力技術が、潜在的な核兵器開発能力へと転化する可能性に対して、懸念が示されることもある。また、中東諸国による原子力の平和利用の推進は、核テロのリスクも高め得る。二〇一四年七月には、イスラム教過激派組織の「イスラミックステート」がイラクで低濃縮ウラン四〇キログラムを奪取したり、失敗に終わったものの、イスラム原理主義組織のハマスがイスラエルの核関連施設があるディモナに向けて三発のロケット弾を発射したりするといった事件も発生した。

3　核兵器拡散問題への個別的・地域的対応

中東の核兵器拡散問題には、NPT体制の下での対応に加えて、個別的・地域的な取り組みがあわせて模索されてきた。たとえば一九七四年にイランおよびエジプトが中東非核兵器地帯を、また一九九〇年にはエジプトが中東非WMD地帯をそれぞれ提案したが、その主眼はイスラエルに核兵器能力の放棄を迫ることであった。中東非核兵器地帯の設置を求める国連総会決議は一九八〇年以降、イスラエルも反対せず投票なしで採択されている。しかしながら、後述するように、非核兵器地帯あるいは非WMD地帯の設置に向けたアプローチに関して、中東イスラム諸国とイスラエルの間に意見の大きな相違があり、現在に至るまでその設置は実現していない。

また、核関連資機材・技術の核兵器への転用防止という供給側アプローチが中心のNPT体制だけでは、国家が核兵器の取得に向かう動機、あるいは特定国や地域を取り巻く安全保障状況などを勘案した対応を講じるのは難しく、それらを反映し得る個別的・地域的な拡散防止の取り組みも試みられてきた。核兵器開発を含むリビアのWMD放棄は、米国と英国が経済制裁解除などのインセンティブを示しつつ秘密裏の交渉を展開した結果であった。また米国は、二国間の原子力協力協定に非核兵器国による濃縮・再処理技術の取得の放棄を規定[(4)]すべくいくつかの非核兵器国に働きかけ、二〇〇九年に締結された米・UAE原子力協力協定で初めて実現した。

そしてイラン核問題では、E3／EU＋3(中国、フランス、ドイツ、ロシア、英国、米国、欧州連合(EU)上級代表)とイランが二〇〇五年から協議を重ねた結果、二〇一三年一一月に「共同行動計画(Joint Plan of Action)」が合意された。「共同行動計画」では、両者の「交渉の目標は、イランの核計画が平和的であることを確保する、相互に合意された長期的で包括的な解決に至ること」だとした上で、六か月間に実施される「第一段階の要素(Elements of a first step)」と、一年以内に交渉を終了して履行を開始する「包括的解決の最終段階の要素(Elements of the final step of a comprehensive solution)」が列挙された。「第一段階の要素」では、イランが二〇パーセント濃縮ウランの半分を五パーセント以下に希釈し、残りを酸化ウランに転換すること、五パーセントを超えるウラン濃縮を行わないこと、新型の遠心分離機や濃縮施設の新設など濃縮能力を拡大しないこと、再処理活動を行わないこと、ならびにIAEAによる監視を強化することなどを受諾する一方、E3／EU＋3は石油化学分野や自動車分野などでの禁輸措置の解除といった、対イラン制裁の限定的で可逆的な緩和などで応じることが盛り込まれた(包括合意に関しては後述)。

2 NPT再検討プロセスと中東問題

1 一九九五年再検討・延長会議

こうして中東の核兵器拡散問題は、NPT体制に多様な側面から大きな含意を与えてきた。それでは、この問題がNPT再検討プロセスでどのように取り上げられてきたのか。一九七五年の第一回再検討会議以来、アラブ諸国は敵対するイスラエルの核問題に繰り返し言及してきた。また一九八五年の再検討会議では、戦争状態にあったイランとイラクの対立が最終文書の採択を危うくする一因となった。しかしながら、一九九〇年の再検討会議までは、核軍縮や原子力の平和利用といった、多くの非核兵器国がより重視する問題を前に、中東問題の位置づけは多分に周辺的なものであった。これを一変させたのが、NPT発効から二五年後に条約の最終的な期限を決定すべく開催された一九九五年の再検討・延長会議であった。

NPT再検討・延長会議の開会直後、一七四の参加国中一〇四か国の支持表明により、条約の無期限延長は決定的となったが、これに強く反対した国の一つがエジプトであった。エジプトは、イスラエルがNPT外にとどまる中で、締約国である非核兵器国についてはその地位が永続化されることを意味するNPT無期限延長を受け入れることはできないと強く主張した。

エジプトは、一九九一年に開始された中東和平プロセスのうち、中東諸国および域外関係国が参加して地域全体に関する問題を議論する多国間トラックの軍備管理・地域的安全保障作業部会（ACRS）で、イスラエルによる核兵器能力の放棄と中東非核兵器地帯の設置を求めた。しかしながら、ACRSでは、イスラエルが求める信頼醸成措置（CBM）に関する合意が先行する一方、エジプトの意に反して核問題の議論は先送りされた。エジプトとイスラエルの対立が強まり、ACRSの全体会合は一九九四年一二月、専門家会合は一九九五年九月を最後に開催されなかった。

こうした中でエジプトは、NPT再検討・延長会議において、条約の最終的な期限というNPTの将来を決定づける問題とイスラエル核問題とをリンクさせ、後者がたんなる地域安全保障問題ではなく、NPTの文脈でも対応すべき国際的な問題であるとし、中東問題をNPTの「第四の柱」と位置づけて、イスラエル、ならびにイスラエルと「特殊な関係」にある米国への圧力を強めようとした。イスラエルや米国に対するエジプトの強硬で非妥協的な姿勢には、アラブ世界におけるリーダーシップの誇示といった狙いも窺えた。

エジプトが再検討・延長会議で手にした大きな梃子は、冷戦後に唯一の超大国となった米国が、核兵器を含むWMDの拡散防止を国際秩序再構築の重要な柱の一つに位置づけ、その一環としてNPTの無期限延長を極めて重視したこと、ならびに会議ではその重要性からコンセンサスでの決定が追求されたことである。とりわけ後者は、エジプトを含む参加国が会議での決定に事実上の拒否権を持つことを意味し、その行使を防ぐには無期限延長に反対する国の主張に対する配慮が不可欠となる。エジプトにとって、国連安保理をはじめとする国際場裡でイスラエルへの不利な決定や非難が採択されないよう庇護してきた米国から、イスラエル核問題で妥協を引き出す絶好の機会であった。

もちろん、再検討・延長会議の会期内にイスラエルが核兵器能力を廃棄し、非核兵器国としてNPTに加入する可能性は限りなくゼロに近い。そこで、エジプトを含むアラブ諸国一四か国は、イスラエルを名指ししてNPT加入を求める決議案を提出し、これを条約の無期限延長に関する決定とともに採択するよう求めた。NPTの寄託国である米国、英国、ロシアは翌日、より穏健な決議案を提出し、これが会議最終日に中東決議として採択された。

中東決議では、地域のNPT非締約国に対して、条約に早期に加入するとともにIAEA包括的保障措置協定を受諾すること、ならびに中東の締約国に対して、検証可能な非WMD地帯の設置に向けて実際的措置を講じることが求められた。他方で中東決議には、イスラエルを含むNPT非締約国名は明記されていない。また、無期限延長の「決定」と中東決議との関係は必ずしも明確にされず、この点が後に米国とエジプトなどとの間で議論となった。中東問題がNPTの「第四の柱」として他の締約国に認知されたわけでもない。それでも中東決議の採択は、とりわけエジプトなど中東の締約国からみれば、無期限延長の対価であり、中東問題、なかんずくイスラエルの核問題が再検討・延長会議で「特別な問題」として扱われたことを意味する、貴重な成果であった。

2 二〇〇〇年再検討プロセス

二〇〇〇年再検討会議に向けた準備委員会で、アラブ諸国と米国は、再検討プロセスにおける中東問題の位置づけをめぐってせめぎあった。たとえばアラブ諸国は、中東決議が無期限延長決定のパッケージに含まれると考え、再検討プロセスでこの決議の履行状況、特にイスラエルの核問題を取り上げること、ならびに中東問題を扱う補助機関を設置することを求めた。これに対して米国は、再検討プロセスは条約に基づき議論される場で、中東問題など地域問題や中東決議が取り上げられるのは適切でないと反論した。しかしながら、核軍縮・不拡散をめぐる状況が悪化するなかで、米国は、ＮＰＴ体制の一層の不安定化・弱体化に制動を加えるためにも、ＮＰＴ無期限延長後の最初の再検討会議を成功させる必要があると考え、アラブ諸国の主張に対しても一定の譲歩を行っていった。

一九九九年の準備委員会に先立つ米国とアラブ諸国との協議では、中東決議で示された目標が有効であること、ならびに中東問題も再検討プロセスで議論されるのに適切な問題であることが合意された。準備委員会の最終報告では、再検討会議での議論の対象に中東決議を含めることが明記された。また二〇〇〇年再検討会議の初日には、冒頭で述べたように「中東、および一九九五年の中東決議の履行を含む地域問題」を検討する補助機関２の設置が合意された。これらはアラブ諸国にとって、ＮＰＴの枠組みにおける中東問題の重要性が、再検討プロセスの手続き事項の側面からも明示化されるという意味を持つものであった。

さらに、コンセンサスで採択された再検討会議の最終文書には、イスラエルを含むＮＰＴ非締約国を名指ししたＮＰＴ加入などの要求が明記された。イスラエルに対して、最終文書は法的にも政治的にも拘束力を持つものではない。それでも、中東イスラム諸国にとって、地域の核拡散問題の根源がイスラエルのＮＰＴ未加入にあると示唆されたこと、ならびに一九〇近くの締約国を持つ条約の会議でイスラエル問題に係る譲歩を米国から得たことは大きな成果となった。

こうして、再検討会議前に想定されたイスラエル問題に関する論点は、比較的順調に合意が形成されていった。他方、この会議で最後まで激論が続いたのはイラク問題であった。イラクは湾岸戦争後、安保理決議六八七のもとでＷＭＤの廃棄、ならびに国連イラク特別委員会（ＵＮＳＣＯＭ、また一九九九年以降は安保理決議一二八四により設立された国連イラク監視・検証・査察委員会（ＵＮＭＯＶＩＣ））による査察の受諾が義務づけられた。しかしながら、イラクは査察を繰り返し拒否し、米国はこれを厳しく非難するとともに一九九八年末には空爆を敢行した。両者の対立は再検討会議にも持ち込まれ、米国はイスラエル問題などで大幅に譲歩した対価の意味も込めて、イラク問題を強い表現で最終文書に明記するよう求めた。これに対して、イラクは国連安保理の問題を再検討会議で持ち出すべきではないと反発した。

最終文書の採択は危機に瀕したが、会期を延長して協議を続けた結果、なんとか合意に至った。採択された最終文書には、一九九八年一二月の査察終了以降、ＩＡＥＡはイラクが安保理決議六八七の義務を遵守しているとの保証を与える立場にはないとしたＩＡＥＡ事務局長声明に触れつつ、二〇〇〇年一月に保障措置の対象となる核物質の存在をＩＡＥＡは検証できたとのイラクによる主張も併記し、イラクの完全かつ継続的なＩＡＥＡとの協力およびその義務の遵守の重要性を再確認するという形でまとめられた。

3　二〇一〇年再検討プロセス

二〇〇〇年の再検討会議では、その成功の象徴たる最終文書の採択を、不遵守国に対する厳しい非難の表明よりも優先し、米国は一定の譲歩をみせた。これに対して、ジョージ・Ｗ・ブッシュ政権下の米国は、北朝鮮とともに「悪の枢軸（axis of evils）」と称したイラクおよびイランを多分に念頭に置いて、二〇〇五年のNPT再検討プロセスでは、条約の中心的なテーマである核不拡散、なかでも不遵守問題の議論に集中すべきだと強く主張し、非妥協的な姿勢を貫いた。非同盟運動（NAM）はこれに反発したが、とりわけエジプトは、再検討会議の開会から一〇日以上にわたって、議題の採択という手続き事項への合意を拒否した。こうしたこともあり、主要委員会での議論は、四週間の会期における三週目半ばを過ぎるまで開始できなかった。もとより最終文書の採択を望める状況にはなく、会議は失敗に終わった。また、二〇一〇年再検討会議に向けた二〇〇七年の準備委員会では、イランが議題の採択に異議を唱えた結果、二週間の会期のうち二週目にようやく実質審議が開始されたという状況であった。

二〇〇九年に発足したバラク・オバマ米政権は、NPT体制の再活性化には二〇一〇年再検討会議の成功が不可欠だと考えた。またオバマ政権は、再検討プロセスにおいて中東問題が鬼門であること、あるいは手続き事項を用いた参加国による異議申し立てによっても会議の円滑な進展が大きく阻害されることなどの教訓から、中東問題に慎重に対応した。

アラブ連盟は、二〇〇五年再検討会議以降、中東非核兵器地帯に関する国際会議の国連による開催を提案していたが、オバマ政権は前政権の対応を転換し、二〇一〇年再検討会議に向けたエジプトやアラブグループとの非公式協議で、国際会議の開催について大枠で受け入れた。他方で再検討会議では、エジプトが中東非核兵器地帯に係る交渉の二〇一一年の開始を求めたものの、これについては米国は時期尚早だと主張した。また米国などは、アラブ諸国が求める国際会議についても、核問題だけでなく他のWMD問題も議論の対象に含めるよう働きかけた。その結果、コンセンサス採択された再検討会議の最終文書では、国連事務総長および中東決議の共同提案国（米英露）が、すべての中東諸国の参加する、中東非ＷＭＤ地帯に関する国際会議（以下、中東会議）を二〇一二年に開催することなどが明記された。当然、「すべての中東諸国」にはイスラエルも含まれる。

中東会議の開催は、イスラエルによる核兵器能力の放棄、さらには中東非ＷＭＤ地帯の実現を保証するものではない。それでもアラブ諸国にとって、ＮＰＴの文脈で開催される国際会議にＮＰＴ非締約国のイスラエルを同席させ、その核問題を議論することを米国に認めさせたことは、大きな意味を持つものであった。

他方、イランおよびシリアの不遵守問題も、イスラエル問題と同様に再検討会議の攪乱要因とはならなかった。上述のように、両国に対しては、ＩＡＥＡ保障措置協定違反として安保理決議のもとで非軍事的措置が課されたが、両国は核兵器開発の意思を否定する一方、決議で求められた措置の履行を拒否してきた。米国など西側諸国は、再検討会議の一般演説などで両国を批判したが、断固たる態度を貫きすぎれば、イランなどによる激しい反発、議事進行に対する妨害、さらには最終文書採択への反対を招くことが容易に予見された。結局、最終文書にはイランおよびシリアの問題が名指しで言及されることはなかった。会議における最優先事項を最終文書の採択に据えた西側諸国は、当初から両国の名指しをあくまで追求するといった方針を取らなかったとされる。

また、西側諸国がＩＡＥＡ追加議定書の普遍化、濃縮・再処理技術の移転の制限・禁止、あるいはＮＰＴ脱退問題への対応など核不拡散義務の強化の必要性を論じたのに対して、イラン、シリアあるいはエジプトなどは、イスラエルのＮＰＴ未加入を放置したまま、中東イスラム諸国にのみ追加的な義務を課するのは正当性に欠けると主張した。核軍縮の進展の遅さを理由に核不拡散強化に難色を示したＮＡ

M諸国の主張とも相俟って、最終文書に記された締約国が実施すべき行動計画には、核不拡散の具体的措置に関する強化の方向性は必ずしも明確には示されなかった。

こうして、会議「成功」の象徴たる最終文書の採択を重視した米国は、中東の締約国の主張に譲歩を重ねたものの、不満も残った。それは、米国が再検討会議の閉会に際して、中東諸国の中でイスラエルが最終文書で唯一名指しされたと批判し、中東会議にイスラエルが参加しない可能性を警告したことにも表れていた。そのイスラエルも会議閉会の翌日、自国を名指しする一方でイラン問題への言及がない最終文書を「欠陥があり偽善的だ」と非難するとともに、NPT非締約国の自国が参加していない再検討会議での決定に従う義務はないと述べ、中東会議への不参加を強く示唆した。

二〇一〇年再検討会議は、最終文書の採択という意味では成功を収めた。しかしながら、中東の不遵守問題に対して、解決に向けた明確な施策やメッセージを打ち出すことはできなかった。また、再検討会議の閉会直後から中東会議開催の困難さが容易に予見され、これが不調に終わる場合の中東イスラム諸国による異議申し立てがNPTおよび再検討プロセスに及ぼす影響が懸念された。

3　中東核拡散問題の今後

1　中東会議とイスラエル問題

当初の懸念通り、中東会議の開催は難航を極めており、本稿執筆時点(二〇一五年二月)では依然として実現していない。中東会議の開催に向けた取り組みは冒頭から躓き、関係諸国との協議など会議開催の準備にあたるファシリテーターの選定も遅れ、フィンランドのヤッコ・ラーヤバ外務次官が任命されたのは、二〇一〇年再検討会議から一年以上も経過した二〇一一年一〇月であった。ラーヤバは精力的に関係国との協議を重ね、二〇一三年一〇月にはエジプト、イスラエルおよびイランを含む関係国が会する非公式会合(於スイス・グリオン)の開催にようやく漕ぎ着けた。非公式会合はその後も続いたが(イランは二回目以降の会議には欠席)、二〇一四年六月の五回目の会合でも、中東会議の開催は合意できなかった。

二〇一四年のNPT再検討会議準備委員会でラーヤバが報告したように、中東会議の議題、形式および手続き事項をめぐり、アラブ諸国とイスラエルの間には依然として意見の大きな相違がある。たとえばエジプトは、二〇一二年のNPT準備委員会で、「中東非核兵器地帯の設置に必要な取り組みの責任は、基本的にはNPTに加入していない域内国にある。……したがって、イスラエルがイニシアティブを取り、非核兵器地帯の設置に向けて必要な措置を講じる義務がある」と述べた。その具体的な措置としてエジプトがイスラエルに求めてきたのは核兵器能力の放棄、NPTへの加入、ならびにIAEA包括的保障措置の受諾であり、これらは非核兵器地帯や非WMD地帯の実現のために先行して実施されなければならず、そうしたステップは中東和平プロセスの進展にも資すると主張している。これに対してイスラエルは、自国が直面する脅威の除去を含め、中東全域で包括的な和平が達成されない限りは中東非WMD地帯も実現せず、まずはCBMを発展させること、また中東の拡散問題を鑑みて核問題のみならず他のWMD地帯も同時に対応することを求めている。

軍縮と和平のいずれを先行させるべきか、またWMD問題の中で核兵器への対応を優先すべきかといった、中東非ＷＭＤ地帯に向けた「入り口」での中東イスラム諸国とイスラエルの間の意見の相違は、長く解決できずにいる。それらは、域内主要国の安全保障観や脅威認識、あるいは安全保障利益を強く反映した主張であり、いずれも安易には譲歩に踏み切れない。さらに言えば、エジプト、イランおよびイスラエルなど地域の主たるアクターは、中東非ＷＭＤ地帯や中東会議をめぐる動向を、自国の主張の正当化、他国への圧力の行使、あるいは国益や権力基盤の維持といった目的のための手段と捉え、自国の譲歩による望まない形で開かれる中東会議に参加するよりは、むしろ非妥協的な姿勢を貫いて会議開催を失敗させるほうが国益に資するとすら考えているようにも思われる。

こうして、中東会議は域内諸国間の対立の力学に晒され、開催の糸口すら見出せずにいる。しかしながら、国際社会はこれを一地域の問題だと看過することはできない。中東会議の開催に失敗すれば、ＮＰＴ体制が大きく動揺しかねないからである。

たとえばアラブ連盟は、中東会議が二〇一二年中に開催できなかったことを受けて、翌年一月、会議の日程が設定されない限り、「すべての軍縮フォーラムおよび関連の場で、いかなる措置を取り得るかを検討する」との閣僚級声明を発表した。これは当初、ＮＰＴ再検討プロセスへのボイコットを示唆するものと懸念された。実際には、二〇一三年のＮＰＴ準備委員会でエジプトが不満の表明として途中退席したほかは、二〇一五年ＮＰＴ再検討会議に向けた三回の準備委員会におけるアラブ諸国の態度は多分に抑制的で、ボイコットはもちろん、議事進行の妨害や途中退席といった行動をとることはなかった。

しかしながら、それは中東会議およびイスラエル核問題に対するアラブ諸国の穏健化を意味するわけでは決してない。むしろ、アラブ諸国には、強硬で非妥協的な姿勢が中東会議開催を妨げたとの批判を封じるとともに、二〇一五年再検討会議までに中東会議が開催できない場合に取る行動を正当化するための布石を打つという狙いも窺える。アラブ連盟は二〇一三年準備委員会で、中東会議が開催されなければ二〇一五年再検討会議でのコンセンサスによる決定をブロックすると警告した。また二〇一四年準備委員会に提出した作業文書では、中東会議開催に向けた取り組みの不十分さに対する不満を列挙した上で、それでもアラブ諸国は会議開催・成功に向けて数多くの譲歩を重ねており、失敗の責任を負う状況にはないと述べた。その上で、中東会議が二〇一五年までに開催されなければ、アラブ諸国はその利益を保護すべく必要な措置をとると改めて強く警告し、NPT無期限延長に関する立場を再考するかもしれないとも発言した。

後者の真意は不明だが、無期限延長の条件の一つが中東決議の採択だったと考えるアラブ諸国は、その決議の履行に係る実際的な措置としての中東会議を開催できないのであれば、無期限延長への合意も無効化されるというロジックを組み立てているのかもしれない。こうしてアラブ諸国は、再検討会議への欠席、議事進行の阻害、コンセンサス文書採択への反対、さらにはNPTからの脱退も示唆しつつ、二〇一四年NPT準備委員会に提出した作業文書で「地域の要求ではなく、国際的な責任になってきた」と位置づけた中東会議の開催を迫っている。

こうしたこともあり、中東会議の早期開催は地域における拡散防止の強化という目的以上に、再検討プロセス、さらにはNPT体制への悪影響を防止するという観点から焦眉の課題となってきた。この現実にまずは対応しなければならないが、その上でより実質的な成果を生み出そうとするのであれば、中東会議を中東非WMD地帯の設置に向けた長いプロセスの第一歩と捉え、たとえば次回国際会議の開催、あるいは会期間会合や専門家会合の設定など、継続的なステップへと発展させることも検討されるべきである。イスラエルから見れば、これがNPTの文脈で進行することには不満もあろう。しかしながら、中東イスラム諸国による核兵器取得の防止という点で、イスラエルもNPT体制に「ただ乗り」する形で少なからず恩恵を受けてきた。NPT体制の弱体化がイスラエルの安全保障に与える含意を考えれば、イスラエルも中東会議（プロセス）に積極的に関与してもよいように思われる。

もちろん、中東イスラム諸国の主張をイスラエルが全面的に受け入れるべきだというわけではない。安全保障上の大きな不利益を一つの当事国に一方的に課すような地域的枠組みは破綻する。双方ともに中東会議、さらにはその先にある中東非WMD地帯への強い主張を持つ中で折り合いをつけるのは容易ではないが、まずは中東会議において、双方の主張を適切に織り込んだ、あるいは並列的に扱うような議題の設定を目指す以外に、膠着状況を打破する糸口は見出し難い。また、そのことが中東における非WMD地帯の設置と安定的な安全保障環境の構築に向けた近道でもある。地域の安定化なしに非WMD地帯は実現しないが、WMD拡散問題に対する手立ても講じられない地域で安全保障環境の好転に向けた一歩を踏み出すことは難しい。すべての地域諸国が参加する中東会議（プロセス）の開催と、そこでの安全保障問題に係る緊密な協議は、実現すれば中東における初めての試みであり、信頼醸成の契機にもなる。

同時に、地域諸国にとって受け入れ可能な部分から軍縮・不拡散措置を講じることで、非WMD地帯に向けて具体的な成果を積み重ねる努力も求められる。たとえば、CTBT、CWCあるいはBWCを地域の未批准国が同時に批准することは一案であろう。また、WMD不拡散の実施に係る地域諸国の能力向上のために、機微な資機材・技術の国内管理や輸出管理などに関するキャパシティ・ビルディングを域外諸国の支援を得つつ進めること、あるいは中東諸国が直面する喫緊の問題として、化学・生物・放射性物質・核(CBRN)に関する安全性強化およびテロ対策での実務的側面に係る地域協力を促進することも考えられる。

中東諸国が関心を高める原子力の平和利用との関係では、原子力協力は、より厳格な核不拡散義務を課す機会に結びつけ得る。米・UAE間の原子力協力協定で定められた濃縮・再処理技術の放棄が他の中東諸国との原子力協力協定でも踏襲されるかは予断できない[5]が、これ以外にも中東の受領国によるIAEA追加議定書の締結および履行、より厳格な輸出管理措置の実施、核セキュリティの強化などを協定上の義務として定めることができれば、地域における核拡散防止の強化に貢献するものとなろう。さらに、原子力の平和利用に関する協力、情報の交換、透明性の向上、物理的防護や核セキュリティなどのための地域的な枠組みの構築は、地域諸国間の信頼向上や核不拡散の強化につながるとの期待もある。

2 イラン核問題

中東核拡散問題のもう一つの焦点であるイラン問題は、二〇一〇年のNPT再検討会議以降も緊張が続いた。国連安保理決議や米国など西側諸国による制裁措置にもかかわらず、イランはウラン濃縮をはじめとする核活動を加速化させた。これに対して、イランの核兵器取得を国家安全保障上の重大な危機と位置づけるイスラエルは、核施設に対する軍事攻撃の可能性をたびたび示唆した。また、イランの遠心分離機に対するコンピュータ・ウイルス(スタックスネット)を用いたサイバー攻撃は、米国およびイスラエルによるものであったのではないかと疑われている。

イランに対する軍事的・非軍事的な圧力の効果については精査が必要だが、イランは核開発の積極推進を公言する一方で、イスラエルが武力行使の「レッドライン」とした、核兵器一発分に相当する量の二〇パーセント濃縮ウランの取得という敷居を越えないようにするなど、慎重な対応も見せた。また、厳しい経済制裁によるイラン経済の悪化は、二〇一三年のイラン大統領選挙に少なからず影響を与え、核問題の解決による制裁の解除とイラン経済の回復を主張したハサン・ロウハニが当初の予想を覆して当選した。イランにおいて大統領の持つ権限は限定的だが、最高指導者のアヤトラ・ハメネイ師も選挙結果を無視できず、核問題に対するロウハニの方針を大筋で容認した。Ｅ３／ＥＵ＋３との協議は急速に進展し、上述のように二〇一三年一一月に「共同行動計画」が合意された。

その「第一段階の要素」については、イランは五パーセントを超える濃縮ウランを生産せず、保有する二〇パーセント濃縮ウランの半分を五パーセント以下に希釈するなど、合意内容をおおむね遵守した。他方、「共同行動計画」で二〇一四年七月までの策定が求められた包括合意については、イランの保有が許容される遠心分離機の規模、あるいは対イラン制裁の緩和・解除の態様などをめぐってＥ３／ＥＵ＋３とイランの間の主張の隔たりが大きく、交渉の期限が二〇一四年一一月まで延長された。「包括的解決」に係る措置の成立に向けた協議は断続的に行われたが、上述の対立点は容易には解消できなかった。その結果、Ｅ３／ＥＵ＋３とイランは、再度交渉期限を延長し、二〇一五年三月末までに「枠組み合意」を、また同年六月末までに最終合意を目指すことで一致した。この間、イランは「第一段階の要素」に係る措置の実施を継続するとともに、先端的な遠心分離機の研究開発の制限、遠心分離機生産施設へのＩＡＥＡの追加的なアクセス、二〇パーセント濃縮ウランのさらなる転換に合意したとされる。これに対してＥ３／ＥＵ＋３も、新たな経済制裁を行わず、制裁で凍結中のイランの一部資産を毎月七億ドル分解除することを継続した。

包括合意をめぐる協議の行方は本稿執筆時点では定かではないが、イラン核問題への対応は、核兵器取得の意図が疑われ、しかも原子力の平和利用の継続を主張する核不拡散義務不遵守国に対して、ＮＰＴ体制が機能するのかを占う試金石でもある。多くの論点はあるが、ここではＮＰＴ体制への含意として、三つを挙げておきたい。

第一に、イランについて許容される原子力の平和利用についてである。イランはＮＰＴ第四条のもとで原子力の平和利用に関する「奪い得ない権利」を持つが、それはＮＰＴ第一〜三条に基づく核不拡散義務の遵守を前提とする。(6) イランはＩＡＥＡ保障措置協定違反が認定されており、少なくとも未申告活動がないとの結論が導出されない限り、その核活動に一定の制約が講じられるべきである。「制約」の基準としてＥ３／ＥＵ＋３、なかでも米欧諸国が求めているのが、核兵器取得の決定から核兵器一発分の核兵器級核分裂性物質を生産するいわゆるブレイクアウトまでの時間を可能な限り長くすることである。

核兵器取得の意思の有無を、他のアクターが一〇〇パーセントの確信を持って判断できるわけではない。とりわけイランは、核不拡散義務への違反が問われてきた。だからこそ西側諸国は、客観的な指標となる技術的側面から、核兵器取得が物理的に容易ではない状況、なかでも濃縮・再処理関連活動、あるいは核分裂性物質の種類・量への、少なくとも一定の制限をイランに対して求めているのである。

「第一段階の要素」の履行によってブレイクアウトの時間は延びたが、それでもジョン・ケリー米国務長官は二〇一四年四月に、イランが決断すれば依然として二か月程度で核兵器一発分の核兵器級ウランを製造できるとの見方を示した。仮にイランが核兵器保有を決断しても、その取得が実現するまでの間に国際社会が探知し、適切な対応を講じられるよう、十分な警告時間を確保するために、米国などはそれを最低でも一年ほどにするための施策が講じられるべきだと主張している。

米国やイスラエルにとっての最善の措置は、イランによる濃縮・再処理活動の放棄であり、イラン核問題の勃発直後からこれを求めてきた。このうち再処理活動については、イランはまだ再処理施設を取得していないこともあってか、「共同行動計画」で今後も保有しないことに合意した。これに対して、ウラン濃縮活動に関しては、イランはこの一〇年間にＩＲ‐１型遠心分離機を一万八〇〇〇基以上、また改良型のＩＲ‐２ｍを一〇〇〇基以上それぞれ設置するとともに、より高性能の遠心分離機の開発を進めてきた。核兵器開発目的だとの立証ができず、濃縮活動の継続による既成事実化も進み、その全面禁止の追求が現実的ではないとすれば、次善の策は、少なくとも一定期間、イランが保有または稼働できる濃縮能力を、当面の原子力計画とブレイクアウト能力抑制という両者を満たす規模に制限することとなるが、その許容される規模をめぐる対立が、包括合意の成立を難しくしてきた。米国などは、数千機程度の遠心分離機の規模にするようイランに求めているが、イランは一万九〇〇〇基程度の遠心分離機の設置、さらには新型遠心分離機の開発・設置が必要だと述べるなど、ウラン濃縮活動の一層の促進を主張している。

この関連で、イランは二〇一四年七月にＥ３／ＥＵ＋３との協議で、先端的な遠心分離機であるＩ

R−6を八〇〇〇基新設する一方、濃縮ウラン生産の規模、期間、場所などをＩＡＥＡが管理することを提案した。また一二月にも、Ｅ３／ＥＵ＋３との協議で、核燃料の他国からの輸入とその保証などを条件として、ウラン濃縮活動を縮小し、稼働する遠心分離機の数を減らすといった譲歩案を示したとも報じられた。この他に、イランにウラン濃縮のための地域的な多国間施設を建設し、そこに先端的な遠心分離機を設置するとの提案もある。しかしながら、遠心分離機の新設後にイランが合意を覆し、ＩＡＥＡによる監視や多国間管理の枠組みを拒否する可能性への懸念は残る。また多国間管理では、他の中東諸国によるウラン濃縮技術へのアクセスが可能になるかもしれない。そうした核拡散に係るリスクを十分に勘案して是非を検討する必要がある。

第二に、イランの核活動に対する検証・監視である。イランによるＩＡＥＡ追加議定書の批准と履行は必須だが、一定期間は、ＩＡＥＡ査察員による頻繁で広範なアクセスを含む、追加議定書を超えた透明性・検証手続きが必要だとも論じられている。ロウハニ大統領は、「ＮＰＴの枠組み内でのみ、ＩＡＥＡの法的管理を受け入れる」と述べ、これを超えた検証・管理の受け入れに難色を示している。しかしながら、イランがしばしば「モデル」として言及する日本は、保障措置の受諾やこれへの協力を含め、核不拡散義務の積極的な履行によってその原子力活動に高い信頼が得られたからこそ、濃縮・再処理施設の保有が可能になったことを無視すべきではない。イランがまずなすべきは、ＩＡＥＡ追加議定書の誠実な履行、ＰＭＤ問題——特に、証拠隠滅とも受け取られるような工事が行われたパルチンの軍事施設における高性能爆薬実験に関する疑惑——の解明に向けたＩＡＥＡとの一層の協力、ならびにＩＡＥＡ保障措置協定を超えた検証・監視の積極的な受け入れを通じて、その核活動に対する疑念を自らの行動によって払拭し、平和目的であるとの信頼を国際社会から得ることである。イランに対しては、すべての原子力活動が平和目的であるとの「拡大結論」をＩＡＥＡから得られれば、ウラン濃縮を含め、より規模を拡大した原子力の平和利用を将来的に実施し得るとのインセンティブを与えることも考えられよう。Ｅ３／ＥＵ＋３はイランに対して、一五年の合意の期限にわたって、イラン濃縮計画の制限を緩和していき、最終的には産業スケールの濃縮計画という長期的なオプションを受け入れる用意があると提案したとも伝えられている。

第三に、北朝鮮核問題でも課題となったが、イランに対して講じられてきた個別的・地域的なアプローチは、核兵器の拡散防止という目的に向けてＮＰＴ体制を補完するとの重要性がある一方、同体制の原則・規範、あるいは国際的な取り組みとの齟齬やギャップも生じかねないことである。たとえば、「共同行動計画」では、上述のような安保理決議の決定にもかかわらず、制限つきながらイランによるウラン濃縮活動の継続を容認し、しかもＩＡＥＡ保障措置協定違反問題が未解決の段階でＥ３／ＥＵ＋３は限定的とはいえ制裁緩和に合意した。核問題解決に向けたインセンティブの提示が核開発への「報奨」と解釈されれば、他国の核兵器開発を誘引する可能性もゼロではない。核問題の解決に向けた現実的な措置と、これが国際的なＮＰＴ体制に持つ含意のバランスを取ることは時に容易ではないが、誤った解釈を導かないよう、ＮＰＴ体制の原則や規範とは異なる措置が必要な場合も、目標はあくまで核不拡散であることを繰り返し明確にしていくほかないように思われる。

おわりに

ＮＰＴの普遍性および不遵守の問題が併存する中東の核兵器拡散問題は、ＮＰＴ体制の信頼性や実効性に大きな含意を持つ重要な問題である。さらに、中東のＮＰＴ締約国がＮＰＴ再検討プロセスにおいてイスラエル核問題の焦点化を、あるいは不遵守国が自国の問題の脱焦点化をそれぞれ図り、そのために同プロセスの円滑な運営や、コンセンサス文書の採択を言わば「活用」してきた。中東という一地域の核問題が、再検討プロセス、さらにはＮＰＴ体制全体に直接・間接に影響を与えている現状が健全であるとは言い難い。それでも、これを現実として対応しなければならない。

本稿執筆時点で、中東の核拡散問題、とりわけ中東非ＷＭＤ地帯やイラン核問題をめぐる今後の動向、ならびにそれらのＮＰＴ運用検討プロセスやＮＰＴ体制への含意を予断することは難しいが、いずれの問題も、一方的な解決の強要や一足飛びの解決の模索は現実的ではなく、その最終的な解決にはまだ時間を要するであろう。地域の複雑な国家間関係や安全保障環境、さらにはＮＰＴ体制への含意を踏まえた段階的、かつ均衡のとれた措置を積み重ねていく以外に妙案はないように思われる。

（1）　つまり、イスラエルが加入しなければ条約は普遍的なものとはならない。

（2）　たとえば、韓国がレーザー濃縮に関する研究をＩＡＥＡに未申告で二〇〇〇年に実施し、二〇〇四年に韓国とＩＡＥＡの間の追加議定書が発効された際の査察で発覚した時には、この研究は保障措置協定違反ではあるが、ＩＡＥＡは重大な問題としなかったという事例がある。

（３）ＰＳＩは、ＷＭＤやミサイル、あるいはそれらの関連物資の拡散を防止すべく、国際法および各国国内法の範囲内で、それらを積載した船舶や航空機などを臨検し、不法な貨物を可能であれば押収し、移転および輸送を阻止するという措置である。二〇〇三年五月にブッシュ大統領が提唱し、二〇一四年六月時点で一〇〇か国以上が参加している。

（４）濃縮・再処理を放棄する代わりに燃料の供給を保証する。このような取り決めを米国では、「ゴールド・スタンダード」と称している。すべての非核兵器国との原子力協力協定で規定されるわけではなく、バラク・オバマ政権は、ケース・バイ・ケースで対応するとしている。また、非核兵器国から濃縮・再処理活動の放棄を取り付けても、これを協定には明記しないといったケースもみられる。

（５）たとえば、サウジアラビアなどは、濃縮・再処理技術の放棄を米国との協定に盛り込むことは容認しないと伝えられている（二〇一五年一月現在）。

（６）なお、イランはＮＰＴ第三条が原子力の平和利用の条件であるとすることについて、反対している。

第六章　「核の非人道性」をめぐる新たなダイナミズム

川崎　哲

はじめに

近年「核兵器の非人道性」に焦点をあてる動きが、国際的な核軍縮議論の新たな潮流を作り出している。これは非核兵器国が中心となり、市民社会と連携しながら、核兵器の問題を、安全保障を中心に据えた伝統的な軍備管理の観点ではなく倫理性や人道性の観点から論じていくという動きである。いわば「土俵を変える」試みといえる。それはまた、核兵器禁止条約につながる可能性を持つものとしても注目されている。核兵器の非人道性をめぐる議論がなぜ今高まっているのか。それはどのように展開しているのか。さらにこれは現存のＮＰＴ体制にどのような影響を与えるのか。この章では、こうした問題についてみていく。

1　核の非人道性と違法性をめぐる議論の歴史

1　原爆投下の非人道性

一九四五年の米国による広島・長崎への原爆投下は、国際法の下では裁かれていない。米国においては「原爆投下が太平洋戦争を終結させ、多くの人々の命を救った」という歴史観が今日なお主流を占めている。

この原爆投下の非人道性を最初に告発したのは、日本帝国政府であった。一九四五年八月一〇日付の米国政府宛の抗議文は、次のように述べている。

今や新奇にして且《かつ》従来の如何なる兵器、投射物にも比し得ざる無差別性、惨虐性を有する本件爆弾を使用せるは人類文化に対する新なる罪悪なり。帝国政府は茲《ここ》に自らの名に於《おい》て且又全人類及文明の名に於て米国政府を糾弾すると共に即時斯《かか》る非人道的兵器の使用を放棄すべきことを厳重に要求す。

原爆投下の非人道性と違法性は戦後、被爆者によるいわゆる原爆訴訟(下田事件)によって裁かれている。一九五五年に広島と長崎の原爆被害者が、日本国政府を相手取って、原爆投下による精神的損害に対する慰謝料を求める訴訟を起こした。これに対して一九六三年一二月、東京地方裁判所は、原告の請求を棄却したものの、米国による広島・長崎への原爆投下は、非戦闘員や非軍事施設への攻撃、あるいは不必要な苦痛を与える兵器の使用を禁止した国際人道法の原則に違反していると判断したのである。

そのような日本は、一九六〇年に改定された日米安全保障条約の下で、自国の安全保障を米国の核抑止力に依存するという基本政策をとってきた。日本では、原爆投下の非人道性を記憶し核兵器廃絶を世界に訴えつつ、安保政策上は米国の「核の傘」に頼るというねじれた構造が今日まで続いている。

2 国際司法裁判所の勧告的意見

核兵器の違法性を国際的にこれまでもっとも明確に断じたのは、一九九六年七月の国際司法裁判所（ICJ）の勧告的意見である。「世界法廷運動（World Court Project）」と呼ばれる世界規模の市民運動の働きかけにより、一九九三年から九四年にかけて、世界保健機関（WHO）と国連総会がICJに対して、核兵器の使用・威嚇が国際法の下で許されるかどうかについて判断を下すよう要請した。

一九九六年七月、ICJは核兵器の使用・威嚇の合法性に関する勧告的意見を出した。それには、二つの重要な結論が含まれていた。第一に、核兵器の使用または威嚇は国際法とりわけ国際人道法の原則に「一般的に違反する」ということである。ただし「国家の存亡に関わる自衛の極限的状況」においては合法か違法か「判断できない」とした（E項）。

一般的に国際法違反であり極限的状況においても合法とまでは判断されないのだから、限りなく「核兵器の使用・威嚇は国際法違反」に近いといえる。しかし、核兵器が必要だという立場の政府は、この点について、極限的状況では核兵器の使用は「違法とはいえなくなる」という解釈をしている。日本もそのような国の一つだ。

核抑止力とは、相手が攻撃をしてきたら「核で撃ち返す」という姿勢を示すことで、相手の攻撃が抑止されるという軍事理論である。安全保障上、核抑止力が必要だという立場の国にとっては、核兵器の使用が完全に違法であるという考え方は受け入れられないことになる。日本政府の立場は、核兵器の使用は「国際法の基盤たる人道主義の精神に反する」けれども実定国際法に反するとまでは言い切れないというものだ。

この「違法性」に関する結論については、ICJの裁判官の間でも意見は大きく割れ、賛成と反対が各七人ずつと同数の支持を得た。賛否が分かれたため、裁判長の投票によって前記のように決定された。

ICJ勧告的意見のもう一つの重要な結論は、「厳格かつ効果的な国際管理の下において、全面的な核軍備撤廃に向けた交渉を誠実に行ない、かつ完結させる義務がある」というものである（F項）。この結論は、裁判官の全会一致で下された。NPT第六条は、締約国が核軍縮に関して「誠実に交渉を行うことを約束」すると定めているだけである。別の言い方をすれば、交渉してさえいれば、条約義務違反には当たらないということである。これに対してICJの勧告的意見は「完結させる義務」について明示的に述べたことが画期的であった。

3　モデル核兵器禁止条約とマレーシア決議

ICJ勧告的意見を受けて、核兵器禁止条約という構想が国際社会の表舞台に登場する。国際反核法律家協会などの非政府組織（NGO）が「モデル核兵器禁止条約」を起草し、一九九七年にこれをコスタリカ政府が国連文書として提出した。国連総会第一委員会ではマレーシア政府が一九九六年以降、核兵器禁止条約の交渉開始を求める決議案を「ICJ勧告的意見のフォローアップ」と題して提出している。ICJ勧告的意見が核軍備撤廃のための誠実な交渉とその完結を求めていることを踏まえて、すべての国連加盟国に対して核兵器禁止条約のための多国間交渉を直ちに始めることを求めるというものだ。

この「マレーシア決議」は、今日まで毎年、賛成多数で採択されている。ただし核兵器国の多くは反対、北大西洋条約機構（NATO）に加盟する欧州の非核兵器国も大多数は反対である。

日本政府は、マレーシア決議には棄権を続けている。日本政府は、核兵器廃絶という目標には賛成するが、核兵器禁止条約の交渉開始は「時期尚早」だという見解をくり返し述べている。二〇一四年の場合、総会本会議での投票結果は賛成一三四、反対二三、棄権二三であった。国連加盟国の数でいえば圧倒的多数は途上国であり、これらのほとんどは賛成を表明している。

4 潘基文国連事務総長の提案

核兵器禁止条約をめぐる議論は、マレーシアやコスタリカのように「推進する南の途上国」対「反対または消極姿勢の西側諸国」という構図で、長く固定化されてきた（国連の軍縮交渉におけるグループ・ポリティクスのダイナミズムについては第二章を参照）。しかしこのような膠着と停滞を打ち壊す動きが、二〇〇〇年代後半から出てきた。二〇〇七年には、「モデル核兵器禁止条約」の改訂版が作られ、マレーシアとコスタリカ両政府がこれをNPT準備委員会に提出した。

二〇〇八年には、潘基文《パンギムン》国連事務総長が核軍縮に関する「五項目提案」を発表し、その第一項目で、確固たる検証措置に裏打ちされた核兵器禁止条約の交渉を呼びかけた。事務総長は、マレーシア、コスタリカから既に出されている「モデル核兵器禁止条約」が議論のよい出発点になりうるとした。

潘基文事務総長はまた、二〇一〇年には歴代の国連事務総長として初めて広島の平和記念式典に出席し、このときの広島・長崎訪問において核兵器禁止条約の交渉開始を呼びかけた。国連事務総長が先頭に立ったことで、特定の政治ブロックをこえた幅広い支持が見込める展望が出てきた。

2　二〇一〇年からの「非人道性」議論の高まり

1　スイスと赤十字のイニシアティブ

今日の核兵器の非人道性に関する国際的な議論の高まりは、二〇一〇年から始まっている。それは、既存のNPTプロセスに対する強い失望感と危機感の表れといえる。

二〇一〇年四月、赤十字国際委員会（ICRC）は「核兵器の時代に今こそ終止符を」とする総裁声明を発表した。声明は、原爆投下直後に広島に入り世界に初めて被害を伝えたマルセル・ジュノー博士の言葉を引用しながら、核兵器の議論が「軍事的および政治的考慮」だけではなく「人間の利益、人道法の基本原則と人類全体の将来への考慮」の下でなされるべきだとした。

翌五月にニューヨークで開催されたNPT再検討会議では、最終文書が「核兵器使用がもたらす破滅的な非人道的な結末に深い憂慮」を表明し、すべての国が国際人道法を「いかなるときも遵守」しなければならないと述べた。これらの文言が盛り込まれたのは、スイス政府の働きかけによるところが大きかった。

最終文書はまた「核兵器のない世界を達成し維持するための枠組み」が必要であるとし、潘基文国連事務総長による核兵器禁止条約の提案に「留意」した。NPT再検討会議のコンセンサス文書で核兵器禁止条約が言及されたことは画期的であった。

二〇一〇年NPT再検討会議では、国際的専門家らによる「核兵器の非正当化(delegitimization)――核抑止の妥当性の検討」と題する研究報告がサイドイベント(1)で発表され、注目を集めた。その内容は、核抑止力が平和を担保するという一般的な見方には根拠がなく、核兵器は非人道的で無差別的な損害をもたらすものであるばかりか、軍事的にも政治的にもその有用性は疑わしいというものである。この国際的研究はスイス政府の支援の下で行なわれた。

二〇一一年一一月、国際赤十字・赤新月運動の代表者会議は「核兵器の使用禁止と完全廃棄」を求める決議をあげた。政治的中立を旨とする赤十字が「人道」の旗を掲げて核論議の表舞台に登場してきたことは、大国間の軍事バランスや政治ブロックの対立構図を乗りこえる新しい息吹となった。

それはまた、核兵器に対してこれまで与えられてきたパワー、地位、軍事的優位性といった「プラスの価値」に対して根本的に挑戦する動きでもあった。核兵器がむしろ危険で、役に立たず、忌み嫌うべき悪いものであるという質的な認識の転換が強調されたのである。

2 「非人道」共同ステートメント

二〇一二年以降は、核兵器の非人道性に関する二つの重要な取り組みが並行して進められている。その一つは核兵器の非人道性に関する共同ステートメントであり、もう一つは核兵器の非人道性に関する国際会議である。

核兵器の非人道性に関する共同ステートメントは、二〇一二年から二〇一四年にかけて、計五回出されている。第一回は二〇一二年五月のNPT準備委員会(ウィーン)において、スイスが「核軍縮の非人道的側面に関する共同ステートメント」という題名のもと一六か国の連名で発表した(2)。

ステートメントは、二〇一〇年NPT再検討会議の最終文書に盛り込まれた核兵器の非人道性に関する内容を再表明し、すべての国に「核兵器の非合法化に向けた努力を強化する」ことを求めた。

このときステートメントに参加した一六か国の中には、西側諸国と緊密な関係を持ちつつ独自の非核・中立政策を保ってきたスイス、オーストリア、アイルランド、ニュージーランドや、南の途上国勢力として核廃絶を長年訴えてきた南アフリカ、マレーシア、コスタリカ、メキシコ、インドネシアなどが含まれる。注目されるのは、ノルウェーとデンマークが加わっていることだ。この両国はNATO加盟国である。自ら「核の傘」の下にありながら、核兵器の非人道性を訴えその非合法化に公然と言及する国々が現れたことは、大きなインパクトをもって受け止められた。

このときのステートメントに日本は名を連ねていない。日本政府は「誘われなかったから」と説明している。

一六か国は自らを「人道イニシアティブ」と呼び(本書第二章でいう「人道グループ」のこと)、幹事国を交代させながら、同種のステートメントを、文面を少しずつ変えながらくり返し提出していった。核の非人道性を国際的な主要議題にすえるためにステートメント参加国を増やしていくという運動である。

市民社会からもこれに協力する動きが始まった。二〇〇七年に発足しジュネーブに本拠を持つNGOの国際的な連合体「核兵器廃絶国際キャンペーン(ICAN)」は、声明起草の中心的な国々の政府と連携を取りながら、参加国数の拡大に協力してきた。

第二回のステートメントは二〇一二年一〇月、国連総会第一委員会にて前回を踏襲する内容で出され、参加国は三五か国に増えた。このとき日本政府は、スイスから正式な要請を受けたが、核兵器の非合法化をめざすとしていることが「わが国の安全保障政策と合致しない」として参加を拒否した。

3 日本の参加

第三回のステートメントは二〇一三年四月、ジュネーブのNPT準備委員会で南アフリカによって発表された。日本のような国にも参加しやすいようにと、「非合法化(outlaw)」の語は原案から削除された。それでも日本は「いかなる状況においても」核兵器が使用されないようにすべきとの表現があることを理由に参加を拒んだ。しかし参加国は、八〇か国に増えた。このとき、高まる国際世論を意識して、広島出身の岸田文雄外相は「いかなる状況においても(under any circumstances)」という文言を削除させることで日本が参加するという交渉を行なうようジュネーブの現場に指示していた。しかしその削除提案はステートメント起草国らによって合意されず、日本はまたも参加拒否したのであった。

被爆国日本が参加拒否をくり返すさまは、国内外から批判の的になった。その年の八月の平和宣言で、広島・長崎両市長はこの問題に言及した。とくに長崎市の田上富久市長は、ステートメントに参加しない日本政府を「世界の期待を裏切った」と強く非難した。

第四回のステートメントは同年一〇月、国連総会第一委員会でニュージーランドによって発表され、一二五か国が参加した。NATOからはノルウェー、デンマーク、アイスランドの三か国が参加した。このとき日本は初めて参加した。

前回までの参加拒否で強い批判にさらされていた岸田外相は、次こそは参加しなければならないとの政治判断の下、数か月間にわたり文面の事前交渉に当たらせた。その結果、「いかなる状況においても」核兵器が使用されないようにすべきとの表現はそのまま残し、核兵器廃絶への「あらゆるアプローチを支持する」という文言が追加された。これにより「わが国の安全保障政策や核軍縮アプローチとも整合的な内容に修正された」と日本政府は対外的に説明した。つまり、核軍縮にはさまざまなアプローチがあって、そのいずれもが等しく大事であり、このステートメントに参加したからといって核兵器禁止条約という特定のアプローチを必ずしも支持するわけではないというのが、日本政府の説明なのである。

第五回のステートメントは前回(第四回)とほぼ同じもので、二〇一四年一〇月、国連総会第一委員会において一五五か国の連名で発表された。一六か国から始まった共同ステートメントの参加国が、二年半の間に約一〇倍にまで拡大し、国連加盟国の約八割に達したところに、「人道イニシアティブ」運動の急速な広がりをみてとることができる。

日本政府は第五回のステートメントが発表された際、国連総会第一委員会での演説のなかで次のように述べている。

日本は、核兵器の非人道性に関する共同ステートメントの精神を支持し、それに参加する。それと同時にわが国は、日米安保体制を確固として維持し、わが国を取り巻く安全保障環境が厳しさを増すなかで、適切な国家安全保障政策をとり続ける必要性を再確認する(二〇一四年一〇月二〇日)。

核兵器は非人道的であり核兵器廃絶を願うが、安全保障政策としては米国の核抑止力は必要であって、その全面禁止には与しない。ステートメント参加をめぐる顚末は、このような日本政府のねじれた立場をむしろ浮き彫りにした。

4 豪州の動き

非人道ステートメントをめぐっては、豪州が独自の展開をみせている。「核の傘」に依存する豪州は日本と同じように、核兵器の非人道性に関する声の高まりに戸惑ってきた。この頃の豪州政府内部での検討の様子が、ICANが情報公開法を使って政府内の公電やメールを公開させたことによって、明らかになっている。二〇一三年四月の第三回のステートメントをめぐっては、ジュリア・ギラード首相(当時)が、共同ステートメントの文脈の中に「核兵器の短期的な禁止の推進」が含まれているので署名できなかったと述べている。同政府内では、非人道キャンペーンを進める国々やNGOが「逆効果をもたらさない」ように、むしろ「非人道性の議論に積極的に関わっていかなければいけない」ともしている。

同年一〇月に第四回ステートメントがニュージーランドによって提出されたときには、豪州はこれに対抗する形で、核兵器の非人道性に関する独自のステートメントを出してきた。日本を含む「核の傘」

の下の国を中心に一七か国が参加したこのステートメントは、核兵器の非人道性に憂慮を示しつつも、「単に核兵器を禁止するだけでは廃絶はできない」「核兵器国とも関与していかなければならない」「人道の議論だけでなく安全保障の議論が重要」としている。核兵器禁止条約への懐疑心と警戒心がにじみ出ている。この豪州中心のステートメントは、翌二〇一四年一〇月の国連総会でも続けられ、このときは二〇か国が参加した。

5 核兵器の「非人道的影響」に関する国際会議

こうした共同ステートメントの動きと並行して、核兵器の「非人道的影響」に関する国際会議のプロセスが進められている。

その第一回は、二〇一三年三月にノルウェー政府の主催によりオスロで開かれた。ノルウェー政府はこの開催にあたって、これは核兵器使用の「影響」を科学的に検証しようという専門家会議であって、核兵器の軍縮や禁止に関して法的・政治的議論をするものではないという性格を強調した。日本を含む「核の傘」の下の国の多くは参加したが、五核兵器国は集団でボイコットした。

オスロ会議では、原爆投下による放射線がガンや白血病など長期的な健康影響を今日までもたらしていることを、日本赤十字社長崎原爆病院の朝長《ともなが》万左男《まさお》院長が報告した。会議ではまた、大きな関心は「今日」核兵器が使用されたら何が起きるのかという問題に集まった。核戦争防止国際医師会議（IPPNW）のアイラ・ヘルファンド博士は、核戦争でもたらされる核爆発の粉塵が、地球規模の気温低下（核の冬）をもたらし、それが大規模な飢饉につながると警告した。インド・パキスタン間の限定的な核戦争の場合でも、そのような「核の飢饉」によって全世界で二〇億人が飢餓に瀕すると見積もられている。オスロ会議ではさらに、国際人道機関や難民機関が、核兵器が使用された状況下では適切な人道救援を行なうことが不可能であることを強調した。議論の中では、二〇〇七年に広島市がまとめた核攻撃シミュレーション報告（広島市国民保護協議会「核兵器攻撃被害想定専門部会報告書」）が言及されている。「どのように議論を重ねても、核兵器攻撃による被害を食い止める方法は見つけられるはずもなく、そうした問いに対する唯一の解は核兵器の廃絶しかない[3]」。

第二回の「非人道的影響」国際会議は、二〇一四年二月にメキシコ政府の主催で同国ナジャリット州ヌエボバジャルタにおいて開催された。一四六か国が集まった。

メキシコ政府はオスロ会議と同様に、核兵器の影響に関する科学的議論に限定するとした。NGOの働きかけにより、会議の開会式直後に一時間以上の「被爆者セッション」がもたれた。広島で被爆したサーロー節子氏（カナダ在住）や長崎で被爆した田中熙巳《てるみ》氏が証言を行ない、被爆三世の高校生平和大使も発言した。フロアからはマーシャル諸島代表が核実験被害について証言した。被爆者らの力強い証言に刺激され、会場からは「核兵器禁止に向けた行動」を求める発言が相次いだ。

ナジャリット会議では、核戦争がもたらす気候変動のほか、核戦争による大量避難民の発生の影響や、核爆発の電磁波が通信網を破壊し株式市場を含む世界経済に甚大な影響を与えることが報告された。また、セミパラチンスク（カザフスタン、現セメイ）の核実験の影響、さらにはチェルノブイリや福島の原発事故にも議論は及び、放射能の影響は国境を越えるものであることが強調された。

さらに、偶発的な核使用や、核兵器に関わる事故のリスクが議題となった。過去に人的ミスや誤算により核兵器が使用されかかった多数の「危機一髪」の事例が報告された。福島の原発事故が起きるまで、日本では原発の過酷事故は起きえないという安全神話が人々の意識を支配していた。核兵器についても同様の安全神話があるのではないかという警告といえる。

ナジャリットでの一般討論では、各国の代表から核兵器禁止への行動を求める声が次々と上がった。最後に議長を務めたメキシコの外務次官は、次のような総括を述べた。

核兵器の非人道性の議論は、法的拘束力のある文書による新しい国際規範へと進まなければならない。……そのための外交プロセスを始めるときが来た。……もはや引き返すことはできない。

核兵器禁止条約への外交プロセスを開始しようというこの議長総括は、形式的には議長個人のものに過ぎない。禁止条約に慎重な国々の政府は、議長の個人的な意見を会議の総括に盛り込みすぎたと批判した。だがこれは、会議参加者の熱意を汲んだものとして理解できる。禁止条約へのプロセスの必要性が宣言されたことは象徴的な意味を持った。

6 核兵器国の対応とウィーン会議

対人地雷禁止条約(一九九七年)やクラスター爆弾禁止条約(二〇〇八年)の場合には、それらの兵器の非人道性に関する国際的な議論が先にあって、そのうえで禁止条約交渉が進められた。核兵器国の政府関係者の間からは、核兵器の非人道性の議論が「滑り台をすべり落ちるように」核兵器禁止条約につながっていくのではないかという警戒の言葉が漏れ聞こえてくる。

二〇一三年九月二六日、国連総会で初の「核軍縮ハイレベル会合」(首脳・外相級)が開かれた。このとき、米国、英国、フランスの西側核兵器三か国は共同ステートメントを発し、核兵器禁止条約アプローチを批判した。これらの国の議論は、「人道主義キャンペーン」や「核兵器禁止条約の推進」は、既存の現実的な「ステップ・バイ・ステップ」アプローチのエネルギーをそぐというものだ。

二〇一四年のNPT準備委員会では、フランスは「(人道の議論は)我々が一致できるNPT体制の下での核軍縮を弱体化させる」、ロシアは「非人道性の議論は核軍縮を進める現実的手段を妨害する」などと発言している。その一方で、核兵器国の中からも、人道の側面に一定の配慮をしているところをみせようとする動きも出てきた。

米国は、二〇一三年六月に新しい核兵器の運用戦略を発表した際に、米国の核戦略は武力紛争について定めた国際法に違反しない、民間人を標的にすることはないことなどに言及している。また米国務省のローズ・ゴッテモラー国務次官は、ビキニ水爆実験から六〇周年にあたる二〇一四年三月にマーシャル諸島を訪問するとともに、翌四月には軍縮・不拡散イニシアティブ(NPDI)外相会合のために広島を訪ね、非人道的被害について米国政府が意識しているということをアピールした。

同年一二月、核兵器の非人道的影響に関する第三回国際会議がオーストリア政府によりウィーンで開催された。このとき米国と英国はNPT上の核兵器国として初めて、この「非人道性」会議に参加した。ただし参加にあたっては、これが核軍縮の議論をするものではないということの念押しをしている。両国は会場においても、核兵器使用の非人道性には留意しているが核兵器禁止条約に反対していると明確に述べている（なおインドとパキスタンの両核保有国は、第一回のオスロ会議から参加している）。

計一五八か国が参加したウィーン会議は、核兵器の非人道性に関するさまざまな論点をまとめつつ、核兵器禁止条約への行動を求める声が多数であるとしながら、それに賛同しない核兵器国側の主張も盛り込んだ「議長総括」を発表した。そして、この議論が二〇一五年のＮＰＴ再検討会議で取り上げられるべきであるとした。

オーストリア政府は同時に「オーストリアの誓約」という文書を発表し、既存の国際法だけでは核兵器の非人道性に十分に対応しきれておらず「法的なギャップを埋める」必要があり、そのために各国政府や市民社会と協力して行動していくと宣言した。「法的なギャップを埋める」というのは慎重な言い回しであるが、既存の国際法を壊すことなく新しい国際法を作るという意味で解することができ、事実上の「核兵器禁止条約」への行動開始宣言といえる。「核兵器を忌むべきものとし（stigmatize）、禁止し、廃絶する」ために努力するとしている。

オーストリア政府はこの「誓約」に多くの国が賛同することを求めている。また、南アフリカなどが今後のフォローアップ会議の開催に関心を表明している。これらの動きにどれだけの国が賛同をするか予断は許されないが、ここから、核兵器禁止条約のための外交プロセスが開始される可能性は十分にある。その一方で、ＮＰＴや既存の国連プロセスから独立したプロセスを開始することには慎重論もある。

７「核ゼロ裁判」

もう一つ注目される動きとして、二〇一四年四月、マーシャル諸島政府が核保有九か国を相手取って核軍縮義務違反であるという訴えをＩＣＪに起こした。

提訴の主旨は、ＮＰＴ上の五核兵器国と、ＮＰＴ外の核保有国であるインド、パキスタン、イスラエル、北朝鮮の計九か国は、核軍縮交渉を誠実に行なうとしたＮＰＴ第六条および国際慣習法による義務を遵守していないというものである。(4)「核ゼロ裁判」と名づけられたこの動きは、国際的な法律家ＮＧＯが支援して準備されたもので、今後の展開が注目される。

ＩＣＪが一九九六年の勧告的意見において「核軍備撤廃を交渉し、完結させる義務」があるとの判断を下したことは既にみた。これが核兵器禁止条約を作る運動の基盤になっているわけだが、核実験の被害国であるマーシャル諸島は、この義務がまったく遵守されていないことをとらえて、改めてＩＣＪを活用して事態を動かそうとしているのである。

実際には、ＩＣＪの強制管轄権を受諾しているのは九か国のうち英国、インド、パキスタンの三か国だけなので、(5)実質的な審理が行なわれるのはこの三か国との関係だけになるとみられる（ＩＣＪは、強制管轄権を受諾していない国家を当事国とすることはできない）。二〇一五年末までの間に、これら三か国それぞれに対するマーシャル諸島の申述書の提出、それに対する三か国からの答弁書の提出の期限が設定されている。

非人道性に関する一連の動きとマーシャル諸島による裁判は、あらかじめ計画的に連動したものではない。それぞれが別個に始めた取り組みである。しかし、既存のＮＰＴプロセスでは核軍縮が進まないことに対する苛立ちから始まっているという点で共通しており、また、ＮＧＯ、市民社会と協力した取り組みである点も同じだ。今後の展開しだいでは、協力関係をもつ可能性はある。

8 今なぜ非人道性か

NPTが誕生してから四五年以上が経つのに、核兵器廃絶への展望は一向に見えない。本来NPTは、大多数の国々が核兵器を持たないとコミットすることと引き替えに核兵器国が真剣に軍縮を行なうという取り引きのうえに成り立ってきたはずである。確かに冷戦後、かつて六万発以上あった世界の核兵器は、数のうえではピーク時の四分の一にまで減った。しかし、核兵器を持つ国の数は増えてきた。核不拡散をうたうNPTの下で、実際には核拡散が進行してきたのである。今日、核保有国の数は九か国にのぼり、そのうちの四か国がNPT外の保有国である。

そして、全体としての数は減ったとはいえ、いまだに一万六〇〇〇発を超える核兵器が存在し、それらが確実に廃絶されるとの見通しは立っていない。その多くが冷戦時代と同じような即時発射態勢にあるばかりか、甘い管理体制の下にある核兵器や核物質が、核の大惨事を生み出さないとの保証はどこにもない。核拡散が進み、地域紛争や非国家主体によるテロなどの武装暴力が各地で深刻化するなかで、「核抑止力が働いて、核使用は未然に防止される」という冷戦時代の論理は根本的に疑わしくなっている。核兵器の安全神話が崩れ、意図的にせよ偶発的にせよ核が使われれば、その結末はまさに非人道的破滅であり、救援や対処は不可能である。その影響は国境をはるかに越えて、グローバルな安全保障を危機に陥れる。そのリスクは現実のものである。

一九九五年のNPT無期限延長にあたって核兵器国が核廃絶努力を約束したにもかかわらず、実質的な前進はみられず、非核兵器国側の苛立ちは募ってきた。そうしたなか二〇〇九年に「核兵器のない世界」を掲げるバラク・オバマ米大統領が登場し、プラハ演説でノーベル平和賞を受賞した。この機運が、新しい「人道イニシアティブ」を仕掛ける赤十字やスイス政府の背中を押したといえるだろう。

いずれにせよ、人道を掲げる新しい動きの背景には、従来通りのＮＰＴ体制だけでは今日の核の脅威を封じ込めることができないという強い危機意識がある。その意識が、国際的なＮＧＯのキャンペーンと重なり合って、核兵器禁止条約という新しい法的枠組みを求める動きにつながっている。

３　「核兵器禁止条約」構想とＮＰＴ

１　他の大量破壊兵器は国際法で禁止されている

核兵器は、国際法で禁止されていない唯一の大量破壊兵器である。

大量破壊兵器とは、核兵器、生物兵器、化学兵器のことを指す。殺傷力、もたらす被害の大きさや無差別性に着目して、他の兵器（通常兵器）と区別してそう呼ばれている。生物兵器は、細菌や病原体を戦闘行為に用いるものであり、一九七二年の生物兵器禁止条約（ＢＷＣ）によって全面禁止されている。化学兵器は、毒ガスなどの毒性化学物質のことを指し、一九九三年の化学兵器禁止条約（ＣＷＣ）によって全面禁止されている。

生物・化学兵器禁止の前史として、第一次世界大戦ではマスタードガスなどの毒ガスが大量に使用されたことへの反省から、一九二五年にジュネーブ議定書が作られている。これは、毒ガスや細菌などを戦争に「使用」することを禁止した国際法で、生産、貯蔵、配備が禁止されたわけではなかった。しかしその後も、生物・化学兵器の使用が世界中でくり返されたことから、生物・化学兵器を開発、生産、貯蔵を含めて全面的に国際法で禁止するための交渉が進められていった。つまり生物・化学兵器については、その非人道的被害の経験に立脚して、まず使用が禁止され、その後全面禁止条約が作られていったという歴史がある。

核兵器は、破壊力においても長期に放射能の危害をもたらすという意味でも最悪の大量破壊兵器である。既にあるBWC、CWCを参考にして、核兵器にも全面禁止条約を作ることは可能なはずだ。これが、核兵器禁止条約を求める国際的議論の出発点にある発想である。

2 国際人道法と対人地雷、クラスター爆弾

一九九七年の対人地雷禁止条約と二〇〇八年のクラスター爆弾禁止条約は、NGOが政府を動かし、国際人道法の考え方に則って非人道兵器を禁止してきた代表的事例である。

ジュネーブ諸条約第一追加議定書(一九七七年)は、基本原則として「過度の傷害または不必要な苦痛をもたらす」兵器等の使用を禁止している。「自然環境に対して広範、長期かつ重大な損害を生じさせる」手段も禁止されている。これらを含め、①軍事的必要性と人道的配慮のバランスをとる、②軍事目標と民間人を区別する、③攻撃による軍事的利益と付随的被害のバランスをとる、④無差別攻撃を行なわない、⑤付随的被害の予防措置をとる、といったことが国際人道法の一般原則とされている。

対人地雷については、NGO連合「地雷廃絶国際キャンペーン(ICBL)」がカナダ政府と連携したいわゆる「オタワ・プロセス」を経て、禁止条約(オタワ条約)を作り上げた。オタワ条約は、対人地雷

の使用、貯蔵、生産、移譲等を全面的に禁止するとともに、地雷の廃棄と除去を義務づけ、地雷犠牲者への支援についても定めている（締約国は一六二か国。二〇一五年一月現在）。米国やロシア、中国など対人地雷を保有する大国は未加入である。

クラスター爆弾は、戦闘機などから投下されると多数の子爆弾が散布され、地雷と同じような深刻な損害を民間人に与えてきたものであるが、ノルウェー政府とＮＧＯ「クラスター爆弾連合」が協力し、二〇〇八年にオスロ条約を作り出した。

対人地雷とクラスター爆弾の両プロセスに共通するのは、有志国とＮＧＯが協力して、国連や既存の条約プロセスの外で国際会議を重ねて条約を作った点にある。ＮＧＯの間では、これをモデルにした核兵器禁止条約づくりが構想されているところである。しかし多くの国々がいまだに核兵器を国家安全保障の要とみなしている以上、核兵器の場合には地雷等との単純なアナロジーは通用しないということも否定しがたい現実である。

3 核兵器禁止条約のさまざまなオプション

将来作られるであろう核兵器禁止条約とは、どのようなものになるのか。そのことを考えるにあたって、核兵器のない世界とはどのように達成されるかを想像する必要がある。核兵器の禁止、廃棄、検証という三段階が必要になろう。

第一は、核兵器を法的に禁止する段階である。これまで数多くの宣言や決議により、核兵器が「使われてはならないもの」だという認識は強まってきた。実際、第二次世界大戦後、米国はさまざまな場面で核兵器の使用を検討したが、結局一回も核のボタンを押さなかった。核兵器を使ってしまった場合の国際世論の反発をおそれたからであり、このような規範力は「核のタブー」ともいわれる。さらに数々の国連決議やICJ勧告的意見が存在する。それでも、これらの規範や文書には法的拘束力はない。それゆえ、核兵器禁止条約が作られて、その使用や保持が法的に禁止されることの意義は大きい。

第二は、禁止された核兵器を実際に廃棄、解体していく段階である。ここでは、核弾頭をミサイルから取り外し、核弾頭の中の核物質を取り出し、それが高濃縮ウランであれば希釈したり、あるいはプルトニウムをMOX燃料にする、もしくはガラス固化などをして封じ込め、処分していく。技術的また財政的な困難を乗りこえ、国際監視下での処分が必要となる。

第三は、核兵器がなくなったとしても、その状態を維持するという課題がある。核兵器が確実に処分されたことを検証しなければならない。どこかの国が約束に反して再び製造するような動きがないか探知し、疑惑があれば検証し、協議し、違反があれば強制執行が必要となる。このような体制が安定的に続いて初めて、核兵器は「廃絶された」といえる。

第二から第三の段階に至る過程では、核兵器によらない手段で国の安全保障を確保するという課題に各国政府は直面するだろう。非核化の検証と並ぶ重大な課題だ。

いずれにせよ、このような三段階論を念頭に置いて、今日ある核兵器禁止条約に関する主要な提案を以下に整理してみる。以下に掲げるものは、アイルランドやメキシコなど六か国の「新アジェンダ連合(NAC)」が二〇一四年のNPT準備委員会に提出した作業文書を参考にしている。この文書は、NPT第六条が定める核軍縮のための効果的な措置として、こうした複数の核兵器禁止条約案を議論すべきだとしている。

①「包括型」核兵器禁止条約（ＮＷＣ）

第一オプションは、核兵器禁止条約の中でも「包括型」といえるものである。英語でNuclear Weapons Convention、略して「ＮＷＣ」といわれる。先に見た、一九九七年に国際ＮＧＯが起草し二〇〇七年に改訂版を出したモデル案は、「モデルＮＷＣ」とも呼ばれる。これは、核兵器の開発、実験、製造、貯蔵、移送、使用、威嚇を全面的に禁止すると共に、核兵器の廃棄と検証までを包括的に定めるものである。

核兵器の廃棄については、段階的な措置をとる。警戒態勢を解除し、配備を解き、弾頭をミサイル等から外し、弾頭を無能力化し、中にある核分裂性物質を国際管理下に置く。検証制度については、申告、強力な査察、衛星監視、核種サンプリング、情報共有などによる包括的なシステムを構築する。締約国が国内で実施すべき措置を定め、条約の確実な履行を担保するための国際機関を設置する。

核保有国が核兵器を解体していくための費用を国際的に捻出する方法を確立すると共に、原子力から脱却する国に対してはエネルギー支援をするという議定書を別途定める。

②「禁止先行」案

第二オプションは、同じ核兵器禁止条約といっても「禁止先行型」の提案である。英語ではNuclear Weapons Ban Treatyといわれる。

これは、先の三段階論でいうところの第一段階としての核兵器の禁止をまずやってしまうという提案である。廃棄プロセスや検証制度は、追って定めればよいとする。核兵器の開発、実験、製造、貯蔵、移送、使用、威嚇の一切は禁止されるということを法的に定め、核兵器の廃絶を命じるものであるが、そこから具体的にどのように廃棄しそれを検証していくかについて詳細には立ち入らない。その意味では、核兵器禁止「基本条約」とも呼べる、比較的シンプルなものになる。

核兵器廃絶国際キャンペーン（ICAN）は、この「禁止先行型」が今日もっとも現実的で有効な方法であると提唱している。

これと似たものとして、核兵器「使用禁止」条約という提案もある。ICJの勧告的意見が「使用・威嚇の違法性」に着目したものだったことを考えると、それを発展させて「使用禁止」の国際条約を作るという案は一考の価値がある。生物・化学兵器の禁止の歴史は、まずは使用禁止から始まった。使用だけ禁止されて保有が禁止されないというのは「使用禁止の約束が仮に破られてしまった場合には、それに対する反撃としての使用が認められる」という国際法上の理論に基づいている。つまり使用禁止条約というのは、実質的には「先制使用禁止条約」に近いものになる。

しかし、ICANなどが提唱する「禁止先行」条約は、使用に限定するものではない。あくまで核兵器を全面禁止し、廃絶を命ずるところまでを基本条約として行なう。

「禁止先行型」では廃棄や検証の定めを急がないので、核保有国の参加を当初からの必須要件とはしないというのがICANの提案だ。実際に廃棄や検証を行なうとなると、そのための技術や知識を持っているのは核保有国しかない。しかし核兵器を禁止することじたいは、核保有国抜きでもできる。対人地雷やクラスター爆弾の経験は、保有国を置いておいてでも、非保有の有志国がまず条約を作り、後から保有国を追い詰めていくことが可能であることを示している。核保有国抜きでも進めるというＮＧＯの提案に対しては、賛同を公に表明する国が出始めている一方、政治的にハードルが高いとして慎重意見も根強い。

③「枠組み条約」案

第三オプションは、核兵器廃絶「枠組み条約」案である。一九九二年に国連の下で温室効果ガスの削減をめざす「気候変動枠組み条約」が採択され、地球温暖化対策に取り組むという合意がまず結ばれた。そのうえで、各国の削減目標などの各論についてはその後の「京都議定書」と条約締約国会議の中で詰められてきた。核兵器廃絶についても、このようにまず大枠を条約で定めて、各論を議定書で進めていくことも可能であろう。

今日すでに、核実験を禁ずるＣＴＢＴや、核兵器の材料となる核分裂性物質の生産禁止など、部分ごとの禁止措置は数多く存在しまた提唱されている。これらを積み重ねていくことで究極的に核兵器廃絶に至るというのが、核兵器国や日本政府などが提唱している「ステップ・バイ・ステップ」アプローチといわれるものだ。しかし問題は、一つ一つの部品がどのような完成形になるのか、いつまでに完成品を仕上げるのかが明確にされていないことだ。本来ＮＰＴの第六条は、そのような多くの部品を完成品へとつなげる役割を果たすために設けられているといえるだろう。しかし実態としてはその機能を果たしていない。ならば新たに全体を統括する枠組み条約を作り、その下で各論を組み直していこうという提案は有意義である。

この三つのオプションの他にも、それらの要素を組み合わせた混合型や、そもそも一本の核兵器禁止条約とはせずに複数の条約をセットにしたものとして核兵器禁止の国際法体系を作る考え方もある。

4 条約を作るプロセスの問題

条約を作るプロセスについてもさまざまなオプションがある。国連の枠組みの中で条約交渉をするのか。それとも国連の外の有志国プロセスでいくのか。国連の下では、ジュネーブ軍縮会議（CD）が正当な軍縮交渉機関ということになっているが、全会一致制のため機能不全に陥っており、多くを望めない。有志国でいくとなった場合には、その実効性が問われるだろう。仮に核保有国がまったく参加しなかったとしても、それを包囲してあまりある力を示すような圧倒的多数の国の参加がえられるかどうか。

NPT再検討会議の中で核兵器禁止条約そのものの議論や交渉を行なうことは、可能だろうか。かつて、NPTを改正して核兵器国の軍縮義務を強化するとか、NPTの付属議定書から核兵器の廃絶に持っていくという提案（かつて平和首長会議が提案していた「ヒロシマ・ナガサキ議定書」など）があった。しかしこれらはかなり複雑で、現実性は低いとして、最近ではあまり注目されていない。

その一方で、上述のような核兵器禁止条約の諸オプションについて作業文書を提出した新アジェンダ連合は、これを「NPT第六条の核軍縮のための効果的な措置」として提案している。NPT第六条の履行という文脈であれば、核兵器国といえども議論を拒絶することは難しい。ここで重要なのは、第六条が定める核軍縮交渉の主語は「各締約国」であり、「核兵器国」だけではないということだ。核軍縮の主体は核兵器国に限らないのである。核兵器の非人道性から禁止条約へ向かう動きは、非核兵器国が主体となり、核兵器の非人道的被害を受ける側の国々が、それを止めるための措置を提案しているものだといえる。

既存のＮＰＴプロセスから独立した有志国プロセスを立ち上げることに対しては、核兵器国や「核の傘」の下の多くの国々は反対し強く警戒している。そのような動きが表面化してくれば「既存のＮＰＴ体制と相容れない」として批判を強めるであろう。

禁止条約の本格的な交渉開始の前に、さまざまな形で開かれた協議を行ない議論を深める場が必要となろう。二〇一三年にはジュネーブで「核軍縮に関するオープンエンド作業グループ」という、各国政府代表とＮＧＯ関係者とが多国間の核軍縮を前進させる方法について意見交換をする継続的な会合が開かれた。このような枠組みの発展が期待される。

さらに、核兵器禁止条約を実現するにあたっては、どのような条件で発効する条約にするのかという問題もある。一定数の国が署名・批准すれば発効するのか、核保有国の署名・批准を発効の条件にするのかといった問題である。

５　核保有国を巻き込むのかどうか

核兵器禁止条約を構想するにあたって今日の最大の争点は、核保有国をそのプロセスにどの程度、どの段階から参加させるべきなのかという点にある。

先に見たとおり、禁止先行型の提唱者らは、仮に最初の段階で核保有国が入らなかったとしても、圧倒的多数の非核兵器国が禁止条約に入れば、それは核保有国を包囲する大きな力になると主張する。対人地雷禁止条約は一九九七年にできて、米国や中国はいまだ加入していない。それでも二〇一四年六月に米国政府は地雷の今後の生産・取得を中止し、対人地雷禁止条約への加入をめざすと発表した（同年九月には大統領が発表）。それは、禁止条約ができたことによって地雷の製造や輸出入が困難になってきたことの効果である。

また禁止条約ができることによって、核兵器の製造に関わる投資に制約がかかり、核兵器はこれまで以上にコスト高になり、巨額の予算をかけて維持・更新をすることが保有国といえども困難になる。ノルウェー財務省は二〇〇六年、同国の石油収入からなる年金基金の投資先から、核兵器およびクラスター爆弾の製造に関わっている企業を排除し、保有株式・債券約五八〇億円を売却した。非人道性の認識に基づく禁止条約ができれば、このような効果が広がることが期待される。

これに対して、やはり核保有国を当初から含み強力な検証制度を持つ包括的な核兵器禁止条約（NWC）をめざさなければ意味がないという主張は、多くの政府だけでなくNGOや反核運動の中にもある。

6 「NPTと矛盾する」のか

核兵器禁止条約は、いかなる国の核兵器をも認めないという点において、NPTと根本的に異なる発想に基づいている。しかし、核兵器の拡散を防ぎ核軍縮を進めるという点において、NPTと目標を共有する。今日の核兵器禁止条約の提案は、NPTをなくしてこれに置き換えようというものではない。現にあるNPTに加えて核兵器禁止条約をも作るという構想である。

現実のＮＰＴは、核兵器国の軍縮を進めるという意味においても、新たな核保有国の出現を防ぐという意味においても、成功していない。このままのＮＰＴ体制の延長線上に、核兵器のない世界が展望できるはずはない。だからこそ、ＮＰＴの欠陥を「穴埋めする」のが核兵器禁止条約といえる。

ノーベル平和賞を受賞した国際原子力機関（ＩＡＥＡ）のモハメド・エルバラダイ事務局長はかつて、非核兵器国の核開発を批判する核兵器国を「タバコをくわえながら、皆にタバコをやめろと言っているようなもの」と評した。核を持つ国がある限り、他の国も持ちたいと思うようになる。核拡散を防ぐはずのＮＰＴ体制そのものが、そのいびつさゆえに、核兵器が拡散する要因となってしまっているのだ。

だからこそ「誰の手にあろうとも、悪い兵器は悪い」という明快な法規範を作るというのが、核兵器禁止条約の基本的な発想だ。それはまさしく拡散防止にも資する。北朝鮮は、米国による圧力政策を非難しながらＮＰＴを脱退し核保有国になっていった。イスラエルに対抗する周辺中東諸国の動きも同様である。一部の国に特権が認められている歪んだ国際秩序は、対抗措置を助長し軍拡競争を生む。

普遍的な非人道性に立脚した核兵器禁止条約に向けたプロセスが始まれば、議論の枠組みは大きく変わるだろう。大国の不正を糾弾しながら核開発を企図してきたような政府に対して、核兵器禁止条約を支持する国際世論は大きな歯止めとして機能しうる。

また、世界の核保有九か国のうち四か国がＮＰＴの外にあるという現実をみれば、ＮＰＴとは別の形で核兵器に網をかける法的枠組みが必要であることは論を待たない。「ＮＰＴか核兵器禁止条約か」という観念的対立はもはや卒業して、腐食の進むＮＰＴ体制の弱点を補強する核兵器禁止条約に向けて、議論を深めるときである。

日本のように消極的な立場の政府は、核兵器禁止条約は非現実的で「ステップ・バイ・ステップ」アプローチこそが現実的なのだと主張している。しかし先にみたように、核兵器禁止条約自体が禁止、廃棄、検証という段階的プロセスを内包していることを考えると、「禁止条約かステップ・バイ・ステップか」という二項対立的な問いかけは建設的とはいえない。

日本や豪州は近年「ブロック積み上げ方式」という提案を行なっている。これは、日豪など二〇か国が二〇一四年のNPT準備委員会に提出した作業文書に述べられている。一つ一つのブロックを積み上げて最終的に核兵器のない世界に達成するというわけだが、「最終のブロック」の段階においては「多国間の核軍備撤廃枠組みあるいは核兵器禁止条約がどのようなものになるか、さらに検討する必要があるだろう」と述べている(二〇一一年には、日本政府はCDで同趣旨の発言をしている)。

つまり、今すぐの核兵器禁止条約には賛成しないという日本や豪州も、最終段階では核兵器禁止条約が必要になるし、それがどのようなものになるかという議論は必要だと認めている。

従来、核兵器禁止条約の議論は、推進する側も拒絶する側も、それはNPTと相容れないという面を強調しすぎていたように思われる。NPT第六条の効果的な措置として核兵器禁止条約について検討するということであれば、現在のNPTプロセスと矛盾なく進められる。そもそもNPT前文は、「核戦争が全人類に惨害をもたらすものであり、したがって、このような戦争の危険を回避するためにあらゆる努力を払い、及び人民の安全を保障するための措置をとることが必要である」という言葉から始まっており、基本理念は同じだ。

おわりに

過去約半世紀にわたる世界の核の秩序は、NPT体制という「核を持つ国が管理する」システムとして維持されてきた。これに対して、核の非人道性を強調し禁止条約へ向かう動きは、「核を持たない国」主導の動きとして進められている。核の非人道性と禁止条約をめぐる今日の攻防は、まさに保有国主導の流れと非核国主導の流れのぶつかり合いとみることができる。

こうしたなかで、もっとも立場が問われているのは、日本のような「核の傘」の下の国々である。「核の傘」の下の国々は、本質的に、非核兵器国と核兵器国の両方の顔を持っている。これらの国々が今後どちらに舵を切っていくかによって、核兵器禁止条約への国際的展望は大きく変わる。とりわけ被爆国・日本がどのように進むかは、世界的な影響力も持つ。被爆七〇年にあたり、日本の私たちが真剣に考えるべき課題である。

（1） サイドイベントとは、NPT再検討会議の公式な会合とは別に、各国代表団やNGOなどが開催する会合や講演会などのことである。再検討会議や準備委員会の会期中には、数多くのサイドイベントが開催される。

（2） 核の非人道性に関する共同ステートメントや国際会議の名称は、直訳すると「核兵器の人道的……」あるいは「人道上の……」となるが、実質的意味を考慮して、本書では「非人道的」と訳す。

（3） 核兵器の非人道的影響に関する第三回国際会議（ウィーン）では、日本の佐野利男軍縮大使が、核爆発の事態において救援等がまったく不可能であるとみるのは「少し悲観的すぎる」と発言した。この発言には国内外から批判が集まり、岸田外相は事後、「誤解を招いた」として大使に注意を与えた。

（4）インド、パキスタン、イスラエルはＮＰＴの非締約国であるが、マーシャル諸島がこれらの国を提訴した主張は次の通りである。すなわち、核軍縮交渉を誠実に行なう義務（およびそれを完結させる義務）は、ＮＰＴ第六条に基づく国際法上の義務ではなく、国際慣習法として存在していたものが、ＮＰＴ第六条によって明文化されたため、ＮＰＴの非締約国であっても本提訴の対象となるという。

（5）インド政府は、強制管轄権の受諾に関し、多数国間条約の解釈・適用に関する紛争や、敵対行為、武力紛争、個別的／集団的自衛行動、侵略への抵抗および国際機関が課す義務の履行その他類似の行為・措置・状況に関する紛争など、一一項目の紛争への適用には留保をつけている。

第七章　市民社会とNPT

土岐雅子

はじめに

核時代の始まりは、核兵器によってもたらされる人類への脅威と、それを軽減、回避しようとする努力との拮抗の時代の始まりでもあった。そうした努力は、国家や国際機関だけでなく、広く市民社会のイニシアティブでも行われてきた。市民社会による反核運動の成果をはかるのは容易ではないが、一般的に他の分野における問題、たとえば、環境問題、人権問題、女性差別問題などと比べ、核兵器に関わる政策に市民社会が及ぼし得る影響は極めて限定的であると考えられてきた。核兵器に関する政策は、核保有国にとって国家の安全保障の中核をなし、国家機密の中枢に関わる事項であり、市民社会にとっては容易に手が届く領域ではないといえるからである。しかし、核兵器の特徴である無差別かつ非人道的で、甚大な殺傷能力のために、市民社会の中から人類共通の脅威だとの認識が強まり、国境を越えた反核運動が高まっていった。核兵器の出現から今日に至るまで、市民社会が核軍縮・軍備管理に与えてきた影響は無視できない。

核軍縮に取り組む市民社会の団体の中で、これまでに二つが、核兵器の削減や核戦争の防止への貢献によってノーベル平和賞を受賞している。一九八五年の核戦争防止国際医師会議(IPPNW：International Physicians for the Prevention of Nuclear War)、そして一九九五年の科学と国際問題に関するパグウォッシュ会議(Pugwash Conference on Science and World Affairs)である。また、個人では、米国のライナス・ポーリング博士が一九六二年に核実験反対の平和活動の業績により平和賞を受賞し、個人として初めて、ノーベル化学賞に続く二つめの受賞となった。ノーベル平和賞が国際平和に最も貢献したと判断される団体や人物に授与されることを考えると、上述のような授賞は、国際社会が核軍縮における市民社会の重要な役割を認め、これに大きな期待を寄せている証左であるといえる。

本章では、特に核兵器不拡散条約(NPT)体制に与えてきた市民社会の影響に焦点を当てるが、もちろん核軍縮全体に関しての影響とは切り離せない問題であるので、まず核軍縮に市民社会が及ぼしてきた影響を俯瞰してみる必要がある。その中で、特に重要な役割を果たしてきた市民社会のアクターであるいくつかの非政府組織(NGO)の活動に焦点を当て、時代の移り変わりに伴う役割の変遷にも言及する。また、NPTの歴史の中では比較的新しいイニシアティブとして二〇〇〇年代初頭から注目されている軍縮・不拡散教育は、市民社会が主体性を持って、また政府とも連携をとりながら推進している画期的な動きであり、その課題と現状及び今後の展望について概観する。

1 市民社会が核軍縮に果たしてきた役割

1　反核運動の変遷

国際安全保障における核兵器をめぐる状況の変遷とともに、核軍縮に関わる市民社会の運動の性格、形態、状況も変化してきた。冷戦中は米ソの軍拡競争により核兵器の使用による人類滅亡の脅威に対する危機感が深まり、大規模な市民運動の高まりが見られた。特に、米ソの軍拡競争の初期に繰り返し行われていた核実験が人体、環境への被害をもたらしたことは、市民社会による核実験反対運動を拡大させていった。なかでも、一九五四年三月一日にマーシャル諸島近海南太平洋のビキニ環礁で実施された水爆実験（ブラボー実験）は、米国が行った核実験の中で環境にも人体にも最悪の被害をもたらしたとされ、核実験反対の市民運動を本格化させた。この実験で米国は当初、この爆発威力を四〜八メガトンと見積もり、誤って危険水域を狭く設定した。ところが、実際の威力は、想定をはるかに超える一五メガトンであった。数百隻の漁船が被曝し、実験を行った島が消滅するなど環境にも甚大な被害をもたらした。日本のマグロ漁船第五福竜丸が放射能汚染され、乗組員一名が放射能降下物（「死の灰」）を浴びてその半年後に死亡したことにより、日本国内での本格的な反核運動を巻き起こした。米国は一九五四年三月一日から五月一四日にビキニ環礁およびエニウェトク環礁で、キャッスル作戦と名づけた計六回の一連の核実験を実施し、厚生労働省によると延べ一〇〇〇隻、実数五五〇隻にも及ぶ日本船が放射性降下物を浴びて被曝したとされる。

核実験による放射能汚染は、世界的に放射能の脅威、不安を人々の間に浸透させていった。草の根の核実験反対運動のみならず、核実験が及ぼす人体、環境への影響を深く危惧し、専門的な立場から核実験に反対する医師や科学者も加わり、その運動は大きな盛り上がりを見せ、一九六三年の部分的核実験禁止条約（PTBT）の締結にも大きな影響を及ぼした。また米国では一九八〇年代に、米国の専門家で活動家のランディー・フォースバーグにより核兵器凍結キャンペーンが主導され、一九八二年には七〇万から一〇〇万にも及ぶ米国市民がニューヨークのセントラルパークで大規模なデモを起こし、米ソ両政府に対して核実験の凍結、および核兵器製造・配備の凍結などを要求した。この大規模な核兵器に反対する市民運動は世論を大きく動かし、エドワード・ケネディ上院議員も賛同した。米国下院はこの運動を支持する決定を出している。

冷戦の終結とともに、米露（ソ）間の軍拡競争は軍備管理条約による核兵器削減へと移行し、国際社会では核兵器の使用による人類滅亡の危機感が著しく低下した。冷戦の終結は超大国の軍備縮小の流れとともに、核兵器の廃絶も可能であるかもしれないという希望を人々の間にもたらした。その結果として市民社会の運動の性格も変化し、核兵器廃絶を推進する市民社会運動が盛んになってきた。そしてグローバル化の流れとともに、核軍縮、核廃絶を推進する市民社会運動もこれまで以上に国際化し、多国間条約の交渉やNPT再検討プロセスに影響を与えるようになっていった。

2 市民社会の団体の種類

核軍縮に関わる市民社会のグループといっても多種多様であり、大きく分けて専門家の集まりでいわゆるエリートタイプの学術研究機関と、草の根の活動タイプのグループの二つに分けられる。エリートタイプの研究機関には外交・安全保障政策や法律を専門とする研究者や、物理学などの科学技術の専門家が所属し、元政府高官や元国際機関高官が中心的役割を果たしている場合もある。専門的な知見をバックグラウンドに、政府に対して政策提言するなどといった活動を行っている。また、エリートタイプの団体の中には、特定の政策の推進よりも、情報や分析の発信・提供に活動の中心を据えているものもある。これに対して、草の根のグループは、一般市民に働きかけ、世論を変えることを目標とし、外側から政府に圧力をかけ特定の政策に対する積極的支援または反対運動を行っている。一般市民への教育啓蒙を活動の中心に据える（アドボカシー型）草の根のタイプのグループもある。もちろん、市民社会の活動の形態も絶えず変容しており、またエリートタイプと草の根タイプのどちらかに明確に区分できるものでもない。

3　NPT再検討プロセスにおける市民社会の影響

影響力や成果の測り方、解釈の仕方はさまざまであるが、市民社会が核軍縮に少なからず影響を与えてきたことは歴史の事実である。その上で、市民社会がNPT再検討プロセスにどのような影響をあたえてきたかを考察してみる。そのためにはまず、一九九五年のNPT再検討・延長会議で決定された事項を見ることが重要である。

一九九五年のNPT再検討・延長会議では、一九七〇年の発効から二五年が経過した条約の期限をどのように定めるかという重要な問題が議論され、最終的に無期限延長が決定された。この決定に際して市民社会が果たした役割は大きい。一九九五年以前には、市民社会アクターであるNGOなどはNPTの会議に参加することは許可されていなかったが、NPT再検討・延長会議で初めてオブザーバーとして参加が認められた。それ以来、その後の再検討会議および準備委員会には、毎回一〇〇を超える団体が参加している。[1]参加した市民社会の団体は、締約国のスピーチや議論を傍聴するだけでなく、主体的にそれぞれの団体の研究、教育プロジェクト、あるいはキャンペーンを発表する「サイドイベント」と呼ばれる催し物を開催している。国連軍縮部にもＮＰＴ再検討会議や準備委員会に参加するＮＧＯを取りまとめる担当者がおり、ＮＧＯの参加が滞りなく行われるように配慮されている。また、近年の市民社会セクターの活動の活発化や、国際会議への市民社会の参加が推奨されるようになっている潮流の中で、再検討会議や準備委員会の式次第（Program of Work）にも、ＮＧＯの代表が演説する時間枠が設けられている。

一九九五年ＮＰＴ再検討・延長会議では、ＮＰＴの無期限延長が決定されるにあたり、その決定のパッケージとして「条約の再検討プロセスの強化」と「核不拡散と核軍縮の原則と目標」に関する決定が採択された。これらと同時に、「中東に関する決議」も採択された。大多数の国、市民社会の団体が無期限延長を望んではいたが、無期限延長は核兵器国による核兵器の保有を無期限に容認することになるのではないかという、非核兵器国、特に核廃絶を時限つきで要求している非同盟運動（ＮＡＭ）や市民社会の団体の不満や不安も無視できなかった。上述のようなパッケージでなされた決定は、そういった不安や不満を軽減するために、条約の無期限延長はするが、核兵器国による核軍縮の義務も明確にし、条約の再検討プロセスを強化する機能も取り入れるという妥協点を探った優れた外交努力の成果であったといえる。

多くの市民社会のグループが無期限延長を支持した中でも、モントレー大学院のジェームズ・マーティン不拡散研究センター（以下、モントレー不拡散研究所）と英国サウスハンプトン大学の核不拡散推進プログラム（PPNN）のいわゆる「舞台裏」での進行役（Facilitator）の貢献は注目されるべきである。これらの研究所は核不拡散の専門家集団による研究活動を行い、緻密な研究と分析により、主要なNPT締約国に重要な提言、助言をし、特に「核不拡散と核軍縮の原則と目標」に関する決定と「条約の再検討プロセス強化」の決定に大きく貢献した。両研究所は、合意を効果的に導く手法として、「トラック二」（民間レベル）や、「トラック一・五」と呼ばれる官民混合の協議チャネルの活動を通し、締約国の外交官同士が、専門家のアドバイスなどを取り入れながら、忌憚なく議論できる場を提供してきた。これ以外にも、モントレー不拡散研究所は毎年、再検討会議と準備委員会の行われる直前の三月に、フランスのアネシーにおいて、主要なNPT締約国の政府高官、関連した国際機関の担当者、ならびに専門家を交えたトラック一・五のワークショップを行っている。このワークショップでは、専門家による分析や助言を踏まえ、再検討会議や準備委員会で直面するであろう問題点を分析し、解決の道筋を探るなどしている。こういった官民混合の協議により、NPTが抱える問題を解決しようとする努力は、いわゆるエリートタイプの市民社会組織が及ぼしてきたNPTへの大きな影響の貴重な例と考えられる。

再検討・延長会議の議長をつとめたスリランカのジャヤンタ・ダナパラ氏は、会議の閉会の辞で、市民社会の核軍縮に果たす役割を次のように述べた。「過去二五年間、市民社会はNPTにとって価値ある貢献をしてくれました。この条約の目的達成のために、激励、アイディア、公共のサポート、積極的支援の提供をしてくださいました。心からその貢献に敬意を表したいと思います」。この発言には、NPT再検討プロセスと市民社会のつながりを前向きに捉え、市民社会と締約国、国際機関がともにNPTの目標達成に向けてさらに前進することへの期待も込められている。一九九五年に市民社会が本格的にNPT再検討プロセスに関わり始めて以来、市民社会とNPT再検討プロセスとの関わりはさらに充実し、深まっていくのである。

4 核軍縮に重要な役割を果たしてきたNGOネットワーク

いうまでもなく、市民社会のNPTにおける活動は、その時々の安全保障をめぐる国際情勢、核兵器をめぐる状況を反映してきた。冷戦後の市民社会による核軍縮に係る運動の注目すべき特徴は、その活動がますます地球規模になったことである。特筆すべき活動としてあげられるのが、一九九〇年初頭に始まった世界法廷運動(WCP)が、国際司法裁判所(ICJ)に核兵器使用の国際法上の問題について勧告的意見を出すように求めた活動である。ニュージーランドの反核運動から始まった構想であり、市民社会における国際的支持を得て国際的なネットワークとなり、「核兵器の使用や威嚇は一般的に国際法に違反する」との一九九六年のICJによる勧告的意見の発表の実現に重要な役割を果たした。勧告的意見では、NPT第六条に定めるとおり全ての国は核軍縮に向けて誠実に交渉を行う義務があることを確認した。それとともに一九九五年のNPT再検討・延長会議で採択された最終文書にも言及し、NPT第六条の義務を再確認している。以来、NPT再検討会議や準備委員会でも、このICJの勧告的意見のフォローアップの必要性を促す締約国からの作業文書の提出や、演説での言及が続いている。このことは、WCPという国際的な広がりを持った市民社会の活動が、NPT体制での議論に少なからず影響を及ぼしていることの現れだと考えられる。

また、NPT再検討・延長会議に参加した市民社会の中から起こった核兵器廃絶を求める国際的ネットワークである「アボリション二〇〇〇」は、九〇か国以上に広がり、その設立声明に賛同する世界各国の二〇〇〇以上の市民団体から成り立っている。もともと、アボリション二〇〇〇が一九九五年に発表した声明では、二〇〇〇年までに核兵器禁止条約を締結するよう求めていたが、核兵器国がこの要求に応じるとは考えにくかったために、その声明から後に、「二〇〇〇年まで」という文言は削除された。しかし、NPTの再検討会議、準備委員会では、核兵器禁止条約の交渉開始へ向けての積極的な啓蒙活動を行い、イベントを企画し、議長に要求書を提出するなどの活動を継続している。また会期中は毎日午前八時からアボリション・コーカス(2)の集いを行い、ネットワークの拡大や調整などに熱心に取り組んでいる。

NPT再検討プロセスに市民社会が果たしうる重要な役割の一つに、条約の再検討プロセスでの核軍縮の進捗状況をモニターすることがあることを忘れてはならない。核兵器国がNPT第六条の条約を遵守し、核軍縮に向けて履行しているかどうかを市民社会がモニターすることは核兵器廃絶の目標達成のためには、欠かせない重要事項である。モニターすることが、市民社会の意識向上ならびに政府への事実上の圧力になるという効果も期待できるからである。

NPT再検討プロセスに果たしている役割が最も大きい市民社会の代表としてあげられるのは、一九九九年に婦人国際平和自由連盟(WILPF)の中に設立された軍縮問題を専門的に取り扱うリーチング・クリティカル・ウィル(RCW：Reaching Critical Will)である。この団体は、NPT再検討会議やその準備委員会にはなくてはならない存在であり、市民社会だけではなく、締約国にとっても最も重要な情報の発信源とまでいわれている。NPT再検討会議や準備委員会では、市民社会のサイドイベントの取りまとめ役を国連軍縮部から任されている。またRCWのウェブサイトには、NPTの会議のすべての声明や作業文書などが、ほぼリアルタイムで掲載され、NPTの問題を専門的に扱う研究機関からも信頼を得、大いに活用されている。

RCWの会期中の最も重要な任務の一つは、日刊の『ニューズ・イン・レビュー(News in Review)』の発行である。これは毎日の会議およびサイドイベントの様子などをまとめたものであり、市民社会だけではなく、会議に参加しているほぼ全ての締約国の代表団も毎日読み、その日に何があったのかを確認するほど役に立つ出版物として信頼を得ている。『ニューズ・イン・レビュー』は、RCWが誕生するまでは英国アクロニム研究所が発行しており、それをRCWが引き継いだ形となる。アクロニム研究所所長のレベッカ・ジョンソン博士は世界的にも核軍縮・不拡散の専門家として広く知られ、特にNPT再検討プロセスに関しての知識や分析力では世界でも有数の実力を持つ。会議中は、ほぼ毎日のようにブログにその分析などを載せている。

最近の特筆すべきモニタリングの例としてあげられるのは『ひろしまレポート―核軍縮・核不拡散・核セキュリティを巡る動向』であり、これまで、二〇一三年と二〇一四年に出版されている。公益財団法人日本国際問題研究所が広島県からの委託を受け、調査研究を実施した。日本を代表するこの分野の専門家が担当し、日本国内外の著名な専門家からもドラフトの段階でコメントをもらい、信頼できる内容になっている。また、日本の代表的な軍縮NGOであるピースデポも創設以来、『核兵器・核実験モニター』を発刊してきている。

二〇一〇年NPT再検討会議で採択された最終文書に盛り込まれた行動計画の履行状況を緻密に分析

し、レポートカードのようなものを発表している団体もある。モントレー不拡散研究所は行動１〜22の核軍縮の履行状況に絞り、専門的知見に基づいて調査し、状況を分析してレポートにまとめている。また、ＲＣＷは六四項目の全てのアクションプランの履行状況を査定している、これらのレポートは二〇一五年再検討会議の準備委員会でこれまで、二〇一二年から三年続けてブックレットの形で出版され、会議場でも配布され貴重な資料として多くの締約国、国際機関、また市民社会の団体にも読まれている。

こういった信頼のおける市民社会の活動を通して、締約国と市民社会との間の信頼関係が強化されてきたという側面もある。またＮＰＴ再検討会議や準備委員会におけるサイドイベントでは、市民社会と締約国が共催して開くケースも増えている。これもＮＰＴ再検討プロセスにおける市民社会と締約国との協力の現れである。積極的に市民社会のＮＰＴ再検討プロセスへの参加を訴え、またその功績を惜しみもなく称える締約国も多々ある。なかでも、その代表的な存在が、カナダ、スイス、ニュージーランド、オーストリア、チリである。

二〇〇五年のＮＰＴ再検討プロセスで、市民社会のＮＰＴへの参加を促し、またその功績を称えたカナダによる演説や作業文書は注目に値する。たとえば、カナダが二〇〇五年再検討会議に提出した作業文書では、市民社会が有益にＮＰＴ再検討会議やその準備委員会に参加できるよう続けて支援し、最適な状態で参加できるように協議していくことを主張している。また、何一つ実質的な合意に至らなかったその年の会議の閉会式のセッションで、カナダの代表は、あまりにも絶望的な失敗に終わった会議とＮＰＴ体制の将来を嘆きながらも、もし何か希望の光があるとすればそれは市民社会の活躍であると、彼らの活動、根気強さを称えている。その後、市民社会の役割についてては年を経るごとにますます認識が高まり、二〇一〇年再検討会議の最終文書、あるいは二〇一五年に向けて準備委員会のサマリーでも、その重要性について触れられている。

5 さまざまなアドボカシー

①米国元高官四賢人とオバマ大統領のプラハ演説とその影響

二〇〇一年に米国にジョージ・W・ブッシュ政権が誕生した。多国間条約を軽んじ単独主義に走ったこの政権の下で、NPT体制はかつてないほどの危機に瀕した。核不拡散を最優先とし核軍縮への取り組みに後ろ向きな姿勢を見せる米国など核兵器国と、核兵器国の核軍縮の進展を求める非核兵器国とのひずみも、これまでにないほど拡大した。そのようなひずみによってもたらされた結果の最たるものが二〇〇五年再検討会議であり、一か月に及ぶ会議の結果、何一つ実質的な合意に至ることができなかったのである。

このようなNPT体制の危機と米国の単独主義に警鐘を鳴らすかのように、二〇〇七年一月に米国政府の元高官ジョージ・シュルツ元国務長官、ウィリアム・ペリー元国防長官、ヘンリー・キッシンジャー元国務長官、サム・ナン元上院軍事委員会委員長の、いわゆる「四賢人」が『ウォール・ストリート・ジャーナル』紙に歴史的な論説を発表した。この四人は冷戦時代には核抑止論を支持し、米国の核政策に直接携わってきた人々である。この四人の論考「核兵器のない世界(A World Free of Nuclear Weapons)」、ならびにそのフォローアップとして翌年に発表した「核兵器のない世界へ向けて(Toward a World without Nuclear Weapons)」は大きな反響を呼び、ブッシュ政権の単独主義などによって行き詰っていた多国間核軍縮の流れに光がさしたかのように、核軍縮・不拡散を推進する市民社会の間で大歓迎された。これらの論考は、それまでの軍縮論争を大きく変え、軍縮の流れの勢いを増すことに大きく貢献した。

これまで、核軍縮、核廃絶を推進する市民社会のグループは、草の根活動が中心だと思われており、なかでも政府とは対立姿勢をとっていた団体が中心的な位置を占めてきた。実は、ロバート・マクナマラ元国防長官のように、米国の核兵器の政策に実際に携わってきた元政府高官で、冷戦中に政権の中では核抑止論の急先鋒だった人物が、晩年核廃絶を支持する立場に転じることはそれほど珍しくはない。しかし、「四賢人」のように元政府高官が具体的に、現状に即した核兵器のない世界を目指しての行動計画を続けて論説として発表したことは、きわめて新鮮で、刺激的であり、核軍縮を目指す市民社会にとっては力強い追い風となった。

そして、何よりもこれまでの軍縮を取り巻く閉塞状態を打ち破ったのは、翌二〇〇九年に就任したバラク・オバマ大統領によるプラハ演説で、核兵器なき世界を目指すというメッセージを現職の米国の大統領が打ち出したことである。この演説は核軍縮・不拡散を前進させる具体的な行動計画を示しただけでなく、力強い希望を多くの人に与えた。期待が高まった分、核軍縮・不拡散のその後の動向を見ると現実の厳しさから失望感も漂うが、この六年間、プラハ演説が核軍縮と核不拡散の両面で多大な貢献をしてきた事実は無視できない。この演説を誰よりも熱狂的に歓迎したのは被爆地広島、長崎の人々だろう。核兵器のない世界の実現は可能であると心から信じてきた人たちにとって、一条の光と思えたのかもしれない。この勢いは核軍縮、核廃絶のための議論を政策論争の主流に押し上げていった。そして核兵器のない世界へ向けての勢いはますます強まり、市民社会の間でも核兵器禁止条約交渉の開始への期待が強まっていった。

オバマ大統領のプラハ演説を機に、核兵器のない世界を実現する牽引力となる次世代のリーダーを育成すべく、また若い世代への教育の必要性から、米国の国務省は「プラハ世代（Generation Prague）」と銘打ち、毎年、若手の軍縮・不拡散の専門家のための国際会議を主催している。その流れと連動して、世界的にも若い世代の軍縮・不拡散専門家の学術的なネットワークが拡がりをみせている。その一つである「新進の核問題専門家の国際ネットワーク（INENS：International Network of Emerging Nuclear Specialists）」というネットワークは、NPT再検討プロセスを専門的で学問的な視点で分析をしつつ、次世代の若手専門家が集う場としてとして重要な役割を果たしている。

②核兵器禁止条約に向けた市民社会の連携

NPTの不平等性、また核兵器国による核軍縮の義務の怠りに対する不満などから、核兵器禁止条約の交渉開始を求めた国際的な市民社会の運動は、一九九〇年代から存在していたが、オバマ政権の核兵器のない世界への支持が後押しとなり、市民社会でもこの動きが復活してきたといえる。NPTの核兵器国、また拡大核抑止（「核の傘」）の恩恵を受けている米国の同盟国は、基本的に現時点における核兵器禁止条約の交渉を支持する立場ではない。これらの国の主張は、あくまでも核兵器のない世界の実現をNPT体制の下で段階的に目指していくというものである。時限つきの核廃絶目標や、早急に核兵器を違法化するというのは、これらの国の方針とは相反している。NPT再検討会議や準備委員会でも、その旨を繰り返し述べている。

これに対して、市民社会の中には即時の核兵器禁止条約の作成を支持する流れが根強くあり、NPT再検討プロセスの中でも無視できない勢力となってきた。その最も代表的なグループが、核兵器廃絶国際キャンペーン（ICAN）による核兵器禁止条約を目指した市民社会のネットワークの形成である。ICANは世界各国にまたがるネットワークを持ち、草の根の市民活動、啓蒙、教育活動を展開している。

ICANは、政府に対して核兵器禁止条約の交渉の開始と支持をはたらきかけ、説得し圧力をかけるために、国際社会における世論を高める世界的な連合体である。ICANが求めていることは、①核兵器のいかなる使用も、破滅的な人道上および環境の危害が生じることを認めること、②核兵器の禁止は、核兵器を保有しない国にとっても、普遍的、人道的な責務であることを認めること、③核保有国は保有する核兵器を完全に廃絶する義務があることを認めること、④核兵器禁止条約の交渉のための多国間協議を支援する行動をいますぐ起こすことの四点である。ICANのように共通の目標、つまり核兵器禁止条約の早期成立を目指す団体のネットワークは拡がりを増し、情報発信、教育啓蒙活動を効果的に行っている。ICANは、核の非人道性をめぐる国際会議に付随して開催される市民社会のフォーラムを主導するとともに、NPT再検討プロセスの中でも核兵器禁止条約の早期の交渉開始のための議論に影響力を発揮するようになっている。

また、潘基文国連事務総長は、核兵器のない世界へ向けての五項目を二〇〇八年に発表し、その中で核兵器禁止条約にも言及している。二〇一〇年NPT再検討会議の最終文書には、核兵器禁止条約に言及した事務総長の提言を支持する内容も盛り込まれている。核兵器禁止条約の早期交渉の開始を望む市民社会や非同盟諸国の声が、具体的に、最終文書に反映されたことの意義は大きい。

二〇一〇年NPT再検討会議において核軍縮の非人道的側面からの議論が導入され、最終文書にも人道的アプローチを支持する文言が盛り込まれた。それ以降、人道的アプローチへの国際的支持は増加の一途をたどっている。核軍縮の人道的アプローチについては別の章で述べられているのでここでは割愛するが、近年のこの分野における重要な進展こそ、市民社会のネットワークの強さによって育てられてきたものと考えられる。二〇一〇年以降のNPT再検討プロセスへの市民社会による最も重要な成果は、核兵器禁止条約の交渉開始へ向けての草の根的活動をNPT再検討プロセスの場へ本格的に導入させたことと、核軍縮への人道的アプローチを、志を同じくする締約国と協力しながらNPT再検討プロセスの主要事項の一つにまで引き上げたことだといえる。また、このアプローチを拒み続けてきた核兵器国もこれ以上は無視できないという状態にまでさせた市民社会の影響は、おそらく核軍縮の歴史の中でも特筆すべきことである。

③宗教界の役割

核軍縮の進展にこれまで、宗教界が果たしてきた役割も無視できない。宗教界の指導者や団体の提言は、主に道徳、倫理的な側面から、核廃絶へ向けての議論に大きなインパクトを与えてきた。最近の例を見れば、ウィーンでの第三回「核兵器の非人道的影響に関する国際会議」の開会式に寄せられた教皇フランシスコのメッセージでは、バチカンの長年にわたる核廃絶賛同の姿勢を改めて確認し、核廃絶を達成するための新たなステップを踏み出すべきだと強調した。

また、カトリックの平和組織「米パクス・クリスティー」の司教七五名が一九九八年六月、米国の核抑止論を批判し、核兵器廃絶への具体的な取り組みを呼びかける声明「核抑止論のモラル」を発表した。一九八三年に全米司教会議が、核兵器の使用は無差別的な大量破壊をもたらすので道徳的に正当化されないとする一方で、条件をつけながらも抑止の手段として核兵器を容認した司教教書を出したが、「核抑止論のモラル」はそれよりもさらに踏み込んだ内容となっている。

超宗派の平和団体である世界宗教者平和会議は、一九七〇年に京都で開催された第一回会議に始まり、その後、継続させていくための国際組織として設立され、核軍縮にも取り組み、国際会議にも市民社会の代表として参加している。NPT再検討会議や準備委員会にもほとんど毎回、代表団を送っている。世界宗教者平和会議は、二〇一三年に宗教者のための核軍縮ガイドブックを出版し、その出版記念に国連事務総長も期待を込めたメッセージを寄せている。

それ以外にもICANのネットワークとも深く関わって活動をしている宗教団体で市民社会のグループにSGI（創価学会インタナショナル）がある。平和、文化、教育を三本柱に掲げて、世界各国の青年と協力し、核兵器の非人道性に関する意識調査を行うなど特に青年層へのネットワークを広げている。また長年にわたり、核廃絶を推進する展示「核兵器廃絶への挑戦」展や「核兵器なき世界への連帯――勇気と希望の選択」展をICANやIPPNWと協力し世界各国で開催している。NPT再検討会議や準備会議の会議場でも、期間中を通しての展示をこれまで何度か行ってきており、NPTの議長や準備会議の委員長に核廃絶の署名を手渡すなど、草の根の市民の声をNPT会議に届ける役割も果たしている。

このように、信仰に基づいた市民社会の団体が熱心に核軍縮に取り組むのは、宗教の本来の目的が世界平和、人類の幸福、またそれを達成するための一助となる社会貢献であるゆえに、必然といえるのかもしれない。

④平和首長会議

核軍縮、核廃絶を推進している数ある市民社会の団体・ネットワークの中でも、平和首長会議はその構成が世界各国の地方自治体の加盟都市から成り立っているという点で大変にユニークである。世界一六〇か国・地域の六五八五都市が加盟(二〇一五年三月一日現在)し、核兵器廃絶、世界平和を希求するこのネットワークには年々賛同する都市が増加している。一九八二年の第二回国連軍縮特別総会において、広島・長崎両市長が発起人となり、世界各国の市長に、世界の都市が国境を越えて連帯し核兵器廃絶を推進することに賛同を求める手紙を送った。原子爆弾の投下による実際の被害を経験した世界でただ二つの市の核廃絶を求める心に共鳴し、一貫して核兵器の非人道性を訴え、核廃絶を求める市民活動である。一九九一年に国連経済社会理事会のNGOに登録されている。

平和首長会議は二〇〇三年に、二〇二〇年までに核兵器の廃絶を目指す「二〇二〇ビジョン」を策定し、世界各国の賛同する自治体、NGOと協力関係を結び、その実現に向けてアウトリーチ活動を展開している。「二〇二〇ビジョン」はその目標として、全ての核兵器の実戦配備の即時解除、核兵器禁止条約の締結に向けた具体的交渉の開始、二〇一五年までの核兵器禁止条約の締結、そして、二〇二〇年を目標とする全ての核兵器の解体、を掲げている。

このビジョンの打ち出し以来、それまでよりも積極的に国際会議にも参加し、NPT再検討会議、準備会議でもサイドイベントや展示を通し、広島・長崎の被爆者の声をNPT締約国の代表に届けている。二〇〇三年のNPT準備委員会では、「アボリション二〇〇〇」との協力も確認された。その他にも、市民社会のグループで核廃絶に向けて中心的役割を果たしている核軍縮・不拡散議員連盟（PNND）、赤十字国際委員会（ICRC）、国際反核法律家協会（IALANA）、核戦争防止国際医師会議（IPPNW）、国際平和ビューロー（IPB）などとも連携し、二〇二〇ビジョンキャンペーンを推進してきた。二〇一三年八月に行われた第八回平和市長会議総会では、広島アピールを採択し、核兵器禁止条約の早期締結を訴え、核保有国を含む全ての国に対し「核兵器の非人道的影響に関する国際会議」や二〇一五年NPT再検討会議への積極的かつ誠実な参加を求めた。

6　日本のNGOネットワークの発展

近年、日本国内における軍縮NGOの活動もネットワークの拡がりを見せ、二〇一〇年には核兵器廃絶日本NGO連絡会が発足された。これまで、どちらかというと個々に活動を行い、団体間の系統だった協力体制はさほど見られなかったが、日本における軍縮活動の発展に伴い、核兵器廃絶に向けて日本国内で活動しているNGO・市民団体が、さらに有効に活動する必要が出てきたためだと考えられる。いくつかの重要なイベントはあったが、直接影響を与えたのは、二〇〇八年から二〇一〇年にかけて日豪両政府の共同イニシアティブで行われた「核不拡散・核軍縮に関する国際委員会（ICNND）」の活動と、NGOが連携する必要性が出てきたことが最大の理由である。この連絡会では核兵器廃絶のために、特に次の課題に重点的に取り組んでいる。①核兵器禁止条約を含む核兵器非合法化のための世界的な枠組み、②安全保障政策における核兵器の役割の縮小、③原子力の民生利用に対応する核不拡散のための新しい手立て、④北東アジアにおける地域的非核・平和のシステムの構築、である。

日本を拠点とするNGOで、核兵器禁止条約の締結を目指し、核廃絶に賛同するネットワークの中心的な役割を果たしている団体として、ピースボートがあげられる。ピースボートは一九八三年に設立されて以来、船の旅を通し国際交流、国際貢献を行っている。さまざまなプロジェクトがある中で、核兵器の廃絶を最重点課題の一つとし、核廃絶のための提言や教育啓蒙活動を日本国内、また、世界中の市民社会と連携して行っている。また、「おりづるプロジェクト」を通し、被爆者とともに船旅を通じて世界各地で被爆体験を語り、核廃絶、世界平和を推進するためのメッセージを発信している。NPT再検討会議や準備委員会でも、サイドイベントを主催・共催し、被爆者の体験発表や軍縮教育活動の報告などを活発に行っている。

2 軍縮・不拡散教育

1 軍縮・不拡散教育進展の歴史的背景

市民社会がNPT再検討プロセス、特に核軍縮分野に果たしてきた重要な役割を考えると、広義の意味での教育、啓蒙活動は核兵器のない世界を実現するために不可欠な要素であるといえる。もちろん教育といってもさまざまな形態があり、積極的支援を行っている団体の教育啓蒙活動は純粋な教育ではなく、「教化」ではないかと批判的にみる意見もある。ここで述べる軍縮・不拡散教育の定義については、この節で述べる「軍縮および不拡散教育に関する国連事務総長の報告書」のなかで用いられた、軍縮・不拡散教育の目的、目標をおもに参照している。その報告書の策定に関わった専門家が述懐するように、定義に関しては意見の集約が大変に難しく、すべての専門家の同意を得ることは不可能であった。そこで軍縮・不拡散教育とは何か、という角度から定義づけをするかわりに、複数の意見から共通に取り出せる最大の類似点、あるいは対立する意見でともに妥協可能な範囲で、その目標と目的を報告書に記述している。この報告書については後に詳しく述べるが、軍縮・不拡散を進展させ、より平和で安全な社会を築くために教育の重要性を明言した、歴史的に重要な国連文書である(3)。

目標については、国家間によってもさまざまな思惑があるかもしれないが、軍縮・不拡散教育が世界の平和と安定、安全保障、紛争解決、ひいては人類全体の幸福に寄与すべきものであるということに、議論の余地はない。教育の目標は人類が直面するさまざまな課題の根本的解決にむけて貢献するべきものであるということは、近年の歴史をみても明らかである。ユネスコの創設の意義、またその憲章の前文に明確にされているように、正義、平和、自由のための教育は人間の尊厳のために欠くことができないものである。

そうした目標を考えたときに、軍縮・不拡散教育を推進する努力が、国際平和と安全保障、またさまざまな紛争解決を目標とする国連の場を中心に行われてきたというのは当然であるといえる。軍縮・不拡散教育は、一九七八年の第一回国連軍縮特別総会において初めて取り上げられ、軍縮教育の緊急性が宣言された。その中で、軍縮教育の進展のためには、その問題に関して、教授することと、研究することの両方の大切さが強調された。この軍縮特別総会の最終文書は、政府、非政府機関、国際機関、特にユネスコに対して、軍縮平和教育のプログラムをあらゆるレベルの教育において開発していくために、段階的措置を取っていくことを勧告した。一九八〇年のユネスコ軍縮教育世界会議の最終文書にも軍縮に関する研究と教育の推薦事項が数多く盛り込まれ、これが軍縮教育の流れを発展させるきっかけになったと見る専門家もいる。

一九八二年の国連総会決議を受けて、国連世界軍縮キャンペーンが同年六月に始まり、軍備管理・軍縮の分野での国連の目標が明確に理解されること、より多くの人々に普及することを目指したが、このキャンペーンへの評価はさまざまであった。このキャンペーンでは軍縮関連の教育資料の準備とその普及、関連する会議やセミナーの実施などが含まれていた。しかし「均衡の取れた事実に基づいた、客観的なキャンペーンでなければならない」という条件がついていた。このため、冷戦中に軍備拡張を続ける超大国の政府との関係で批判的と受け取られかねないことは、キャンペーンを通しては受け入れられなかった。このことが、このキャンペーンで軍縮教育が期待されるほどは普及しなかった理由の一つと考えられる。

実際、冷戦中は超大国間のイデオロギーの対立などから、軍縮教育に関する実質的な進展はほとんど見られなかった。この会議以降、二〇〇〇年の国連総会で軍縮・不拡散教育に関する報告書の提出を要求した決議が採択されるまでの約二〇年間、軍縮教育に関する取り組みが目立った進展を遂げることはなかった。

2 「国連事務総長の報告書」

最も重要な進展は、二〇〇二年一〇月、国連総会第一委員会において「軍縮および不拡散教育に関する国連事務総長の報告書」が採択されたことである。これは、国連軍縮諮問委員会のメンバーであったモントレー不拡散研究所所長のウィリアム・ポッター博士が、軍縮・不拡散に焦点を当てた教育の必要性を事務総長に提案したことに端を発している。当時、冷戦終結から一〇年以上を経て、超大国間の全面核戦争の危機は減少した一方で、核兵器の脅威に関する無関心や核兵器の現状から目をそらした安逸のようなものが蔓延しつつあった。冷戦後二〇年以上が経過し、国際安全保障をめぐる環境も複雑に変化する現在においても、ある程度同じ状況が続いているといえる。こうした現状を打開し、より平和な世界を実現するためにも、「軍縮および不拡散教育に関する国連事務総長の報告書」が採択された意義は非常に重要である。だが、その重要性を正しく認識して、報告書に基づいて軍縮・不拡散教育を実践している締約国、団体の数はいまだに十分とはいえない。国家は喫緊の課題に短期的に解決方法を見出すことを要求されており、教育という、いわば長期的な展望にたった解決方法への優先順位は低いのかもしれない。

この報告書の、現代における軍縮・不拡散教育の定義を検討した章において、軍縮・不拡散教育の目的は、概して、国民および世界市民としての個人が、効果的な国際管理のもと全面的かつ完全な軍備縮小に貢献できるよう力を付け、知識や技術を修得できるようにすることである、と述べている。この報告書はまた、教育のレベルにかかわらず軍縮・不拡散教育の目標として、何を考えるかではなく、どう考えるかを学習することが大切であり、学習者の批判的思考能力を伸ばすことも不可欠であると指摘している。そのために、一つの例として、教育的効果の有益性から、参加型方式の教授法を採用することも推進している。平和を推進する心構えや行動を奨励し、平和な世界へ向けて、国際社会が一致して努力すること、また民族、国家、文明間の差異を乗り越え平和、寛容、非暴力、対話の価値を見出すために、軍縮・不拡散教育が、効果的に活用されることへの期待が、この報告書の随所に述べられている。

二〇〇二年に採択されたこの研究報告は約二年間にわたる政府専門家グループの研究努力の成果である。この政府専門家グループはエジプト、ハンガリー、インド、日本、メキシコ、ニュージーランド、ペルー、ポーランド、スウェーデン、セネガルの一〇か国からのメンバーで構成されていた。NPT締約国の五核兵器国は一国も参加していなかった。

この報告書には三四項目にのぼる具体的な提案事項が含まれており、項目は大きく次の五つに分かれている。①フォーマル、インフォーマルな全てのレベルにおける教育において、軍縮・不拡散教育と訓練を推進する方法、②進歩し続ける教授法、情報通信技術革命の活用方法、③軍縮・不拡散教育を平和構築の貢献として、紛争後の状況に導入する方法、④国連システムと他の国際機関が軍縮・不拡散教育における努力を調和調整できるようにする方法、⑤今後の課題と実施方法についてである。

3 軍縮・不拡散教育進展への努力

二〇〇二年以降、市民社会、国際機関、締約国は隔年で、それぞれの軍縮・不拡散教育における活動の報告書を提出することになっている。これまで六回の報告書提出の機会があったが、締約国からの提出はほとんどの場合が一桁台といまだに極めて少ない。毎回提出している国は日本ぐらいである。それに反して、教育、研究機関を含む市民社会からの提出は毎回増加している。(4)

ＮＰＴ再検討プロセスでも、より多くの締約国がＮＰＴ体制の強化のためには軍縮・不拡散教育が重要であるという認識を持つために、市民社会や、ＮＰＴ体制で中心的役割を担っている政府、国際機関が連携をとり、さらに多くの団体が積極的に軍縮・不拡散教育の推進のために行動を起こす必要がある。

その意味でも、二〇一〇年ＮＰＴ再検討会議へ向けての二〇〇八年と二〇〇九年の準備委員会で、モントレー不拡散研究所が、日本政府、関連する国際機関、教育者、被爆者と協力し、ＮＰＴ体制強化のための軍縮・不拡散教育を推進するサイドイベントをＮＰＴ再検討プロセスの中で行ったことは非常に意義深い。それ以降モントレー不拡散研究所は日本政府、オーストリア政府や、関連する国際機関や、軍縮・不拡散教育を推進する市民社会と協力して、ＮＰＴ再検討プロセスで軍縮・不拡散教育のサイドイベントを毎回共催している。

また、二〇〇二年の報告書採択以降、ＮＰＴ再検討プロセスにおいて日本を中心に軍縮・不拡散教育の共同作業文書の提出、ならびに共同声明の実施が行われている。二〇一〇年再検討会議の最終文書には初めて軍縮・不拡散教育の重要性が盛り込まれた。こういった地道な努力もあり、この問題の重要性に対する理解と賛同が徐々に深まりつつある。

二〇一二年八月には日本の外務省と国連大学の共催、長崎市、長崎大学の協力で、初めての「軍縮・不拡散教育グローバルフォーラム」が長崎市で開催された。その開催の目的は、軍縮・不拡散教育をさらに普及・推進し、各国政府、国際機関、市民社会専門家、学術機関などさまざまな団体の間でこの種の教育の重要性を共有し、認識を深めることであった。フォーラムでは被爆者の貴重な証言、核兵器のない世界にかける深い思いを傾聴する機会もあり、参加者も核兵器廃絶への決意をさらに固めることができた。また、中学生、高校生、大学生といった若い世代の参加もあり、世代を超えたグループの間でも意見の交換、議論が行われ、軍縮・不拡散教育の推進に大きく貢献したと思われる。フォーラムの最後には、軍縮・不拡散教育のさらなる促進に向けた決意を表明する、「長崎宣言」が採択された。

残念ながら、このようなフォーラムも、第二回、三回と続く持続性が見受けられない。フォーラムが大変に意義深く、革新的な催しであっただけに、このような軍縮・不拡散教育の効果を高めるための手法などに関するより踏み込んだ意見交換や教育の推進のためのモメンタムを維持するためにも持続的に開催する必要性もあるのではないかと思う。こういった状況を打開するためにも、軍縮・不拡散教育にさらに適切な予算を付ける必要があると痛感する。

4 日本政府と市民社会との連携

唯一の戦争被爆国としての日本が軍縮・不拡散教育に力を入れ、核兵器の使用の非人道性を次世代に伝えていく教育活動の中で、近年始められた、非核特使、ユース非核特使の任命などは大変に意義深いものだと考えられる。被爆者の高齢化がすすむ中、軍縮・不拡散教育の推進のために、政府と市民社会が協力し、二〇一〇年には、被爆者らが非核特使という名称で、政府から核軍縮・不拡散関連の業務を委嘱されて、日本を代表してさまざまな国際的な場面で核兵器使用の悲惨さや非人道性、平和の大切さを世界に発信していっている。また、二〇一三年には、被爆者のさらなる高齢化に鑑み、次世代の人材育成の意義からも、軍縮・不拡散分野で活発に貢献する若い世代に対して外務省が「ユース非核特使」を任命するなど被爆の実相の次世代への継承、軍縮・不拡散教育の充実も進められている。さらには被爆者の証言を録画、多言語化しソーシャルメディアを有効利用して普及するなど被爆体験を後世に伝えることも軍縮・不拡散教育の一環として取り組まれている。今後、教育研究機関等の市民社会と協力連携を強めながら、さらに若い世代に向けての軍縮・不拡散教育の充実が進められていくことが期待される。

５　課　題

課題は核兵器国からの積極的賛同があまり見受けられないことと、喫緊の課題を背負った各国政府が、軍縮・不拡散教育の問題にあまり関心を示さず、教育の果たす役割が軍縮・不拡散を推進する上で、十分に理解されていないということがある。長期的展望にたった啓蒙活動を含め、市民社会、政府、国際機関、教育・研究機関が、しっかりと連携をとることも軍縮・不拡散教育を推進するための重要なポイントである。

潘基文国連事務総長は、歴代の事務総長の中でも軍縮・不拡散の推進に熱心な事務総長として知られている。その彼が、二〇一三年一月に軍縮・不拡散に関する重要なスピーチの場として、その分野では世界で最も先駆的な教育・研究活動を行っているモントレー国際大学院を選んだのも、当然であったかもしれない。その演説の中で、二〇〇二年の軍縮・不拡散教育の国連事務総長の報告書にふれ、軍縮教育に費やされる予算が著しく少なく、あるいはほとんど存在していない国もあると指摘している。また、批判的能力の育成を報告書が推進しているにもかかわらず、若い世代が最近は、核抑止論の是非を問うことなく、核兵器の永久的存続に甘んじているような状態に警鐘をならした。

今後ますます発展する通信技術によって、軍縮・不拡散教育もオンラインによる方法も増加の一途をたどっていくと予想される。オンラインの教育はより多くの学習者を対象とできることから、非常にメリットも大きい。その一方で、平和の文化の重要性、異文化交流から学ぶという意味では、伝統的に人と人とが直接ふれあう形態の教授法も引き続き必須である。大切なことは、多様な手段を用いて、融通を利かせ、それぞれの教授法を補完し合いながら、多くの学習者に効果的な軍縮・不拡散教育を経験してもらう機会を増やしていくことではないかと思う。同時に、この教育を推進するために優秀で献身的な教員は最も重要な要素である。そのためにも軍縮・不拡散を教授できる教員の育成にも、研究機関や国際機関などが連携して取り組み、力を注いでいくべきである。

6　次世代への期待

核兵器のない世界を目指し、軍縮・不拡散教育の推進を率先して行っている日本にとって、「核の傘」に頼らなくてはならない現実はつねに克服しがたい大きなジレンマを突きつけている。このジレンマを克服し、核兵器のない世界というビジョンを実現するには、次世代が現在の努力を受け継ぎ、後継者としてその勢いをさらに強固にしていくことが必須である。オバマ大統領もプラハ演説の中で、核なき世界の実現は「私が生きている間には恐らく難しく、忍耐と粘り強さが必要」だと明言している。その意味でも、高校生を含んだ若い世代を対象とした軍縮・不拡散教育の重要性を世界の指導者が、より正しく理解する必要がある。モントレー不拡散研究所では日本やアメリカ、ロシアを含む世界中の高校生に軍縮・不拡散教育を推進するクリティカル・イッシューズ・フォーラム・プロジェクトを行っており、毎年これらの国の生徒に軍縮・不拡散の教育をし、春の国際会議では学習の成果を発表し核軍縮について生徒たちが活発に意見を交換する。教育が本来持つ力と可能性が核兵器のない平和な世界の構築という目標達成の鍵になるという思想をより広く深く、浸透させていくことが期待される。

被爆者の平均年齢が八〇歳になる今、核兵器の使用がもたらす脅威を実際の体験を直接聞く時間も残り少なくなってきている。被爆者の方々の心を真摯に受け止めて若い世代が語り継いでいけるための教育は不可欠である。それは単に日本を特別な被害者として扱うのではなく、核兵器が人類全体に及ぼす影響を普遍的に理解するためである。そして、核兵器使用の非人道的影響の側面から問いかけて、核兵器のない世界を目指していくことが求められている。そのためにも、軍縮・不拡散教育は人類全体に大きな恩恵を与えるものであるという基本理念に立ち、その推進のためにより真剣に取り組む必要がある。「教育とは、平和構築のための異名である」とのコフィ・アナン元国連事務総長の名言は、今後市民社会、国家、国際機関が連携し、人類の幸福と平和に貢献する軍縮・不拡散教育を進展させるために、ますます重要な指標になると確信する。

おわりに

この章で考察してきたように、市民社会が核軍縮、NPT再検討プロセスで果たしてきた役割はその評価はさまざまではあるが、確実に、その時代の世論を動かすほどの力を発揮してきたといえるのではないだろうか。これまで、対人地雷の禁止やクラスター弾の禁止、また二〇一三年四月に国連総会で採択された武器貿易条約の成功例を考えても、市民社会が軍縮交渉に与えてきた影響は単に社会的、道徳的な効果を超えて、政治的、法的に実際的なインパクトを生み出してきている。核兵器国の安全保障の中枢であり、市民社会の影響が最も及びにくいと思われてきた核政策に、核廃絶を目指して挑み続けてきた市民社会の活動の効果は緩やかにではあるが、形となってきたと評価してもよいと思われる。さらには、核兵器禁止条約交渉開始に向けての市民社会の連携はより効果的になり、勢いを増し、国際社会からの賛同の声も強まっている。ただし、交渉の開始に至るまではまだまだ遠い道のりであるというのが一般的、現実的な見方である。

核時代が始まって以来の人類の悲願である、またNPTの条約自体が目標としている核兵器のない世界の実現へ向けて進むべき道には、核兵器国とその同盟国が賛同しているNPT体制の下で段階的に軍縮を進めていくべきという意見がある一方、それに取って代わる核兵器禁止条約の交渉を始め、条約締結を目指すべきだという、異なる意見が存在する。異なる意見のぶつかり合いの中で、核兵器のない世界へ向けて進展することは容易ではない。しかしこの目標に向けて、先例のない変化を歴史に与える道を開くためにも、今後とも、市民社会が明確なビジョンを掲げ、効果的な活動を粘り強く希望を抱いて続けていくことが望まれる。

（1）　NPT再検討会議へのこれまでの市民社会の団体の参加数は、一九九五年に一九五団体、二〇〇〇年に一四一団体、二〇〇五年に一一九団体、二〇一〇年に一二一団体である。

（2）　アボリション二〇〇〇のネットワークに参加する、あるいは賛同するNGOの集まり。

（3）"United Nations Study on Disarmament and Non-Proliferation Education: Report of the Secretary General," UN General Assembly First Committee, 57th Session, October 9, 2002.

（4）隔年で提出される軍縮・不拡散教育における活動の報告書は、国連軍縮部のウェブページに掲載されている。http://www.un.org/disarmament/education/2002UNStudy/

あとがき

法の執行を司る中央権力が存在しない、いわゆる「アナーキー」な国際社会においては、パワーの存在は国家間関係を規定するうえで極めて重要である。であるならば、核兵器という圧倒的なパワーの源泉を入手したい誘惑は、主権国家であるならば当然あるだろう。ましてや、すでに核兵器を合法的に保有している核兵器国、あるいは、核兵器不拡散条約（ＮＰＴ）に加入せず、国際的なルールの外に身を置くことを選択して核兵器を保有する国があるなか、ＮＰＴの非核兵器国の大多数が、このような誘惑に打ち勝ち、条約上の不平等性を受け入れてＮＰＴを遵守していることは、主権国家間の平等が謳われている国際社会においては、必ずしも当然のこととして受け止められるべき簡単なものではない。

本書の第二章でみたように、各国はそれぞれ異なる思惑を抱えてＮＰＴに参加しており、条約の履行を促すための再検討プロセスでは、各国の利害や思惑が複雑に錯綜している。このような政治的ダイナミズムは、条約が提示する価値、すなわち、核兵器の不拡散による核の脅威の拡散の防止、核軍縮を通じた核の脅威と不平等性の解消、そして核兵器不拡散義務の代償としての原子力の平和利用の奪い得ない権利の間に調和点を見出し、破滅的な未来を回避するための、国際社会のたゆまざる外交の努力の過程でもある。

たしかに、核の秩序をめぐっては、安全保障面に焦点を当てれば核抑止、拡大核抑止の関係が極めて重要な役割を果たしてきたことは事実である。しかし、本書で述べてきたようなNPTを中心とする多国間の外交努力が、核のさまざまな側面において利害と対立を抱える微妙なバランスを維持し、秩序を成す「グローバル・ガバナンス」を存在せしめていると言ってもよいであろう。核というものの存在そのもののわかりやすさに比べて、そのリスクを回避し秩序を維持するための外交プロセスがあまりに複雑であるがゆえ、我々はNPTに対する心情的な「期待」と、報道などで知る「現実」のギャップに悩まされることになる。

核軍縮・不拡散の分野で有名なNGOに「アクロニム研究所」という名前の組織がある。アクロニムとは、英語で表記したときのそれぞれの単語の頭文字を並べて読むことである。例えば、NATOをナトー、OPECをオペック、といった具合である。核の問題や人間の安全保障などの問題を扱うこの研究所の一風変わった名前の由来は、軍縮の分野において、交渉や対話を積み重ね、さまざまな概念が提示されてもなお、核軍縮が進まない一方で、このような交渉の積み重ねの結果出てきた政策概念や枠組みにはアクロニムで表記される用語があまりにも多く、一般の人たちには何をしているのかよくわからないという状態を揶揄する意味を込めたのだ、と創設者のレベッカ・ジョンソン博士から聞いたことがある。

彼女たちの努力により、今では市民社会のメンバーを含む多くの人たちがNPT再検討プロセスに参加するようになっている。我々本書の執筆者も、そのような先輩たちの努力の恩恵を受けたメンバーである。そして、このような志を引き継ぎ、友人や若い仲間たちに、NPTをめぐる一見難解な政策論争や政治的ダイナミズムを、よりわかりやすく伝えたいと考えるようになったのである。

本書は、NPTという条約について、国際社会がその条約の提示する価値の実現のためにどのような議論がなされてきたのか、どのような政治が展開されてきたのかを、より多くの人たちに知ってもらおうと執筆された。それは、執筆者一同がこれまで薫陶を受け、指導を賜ってきた諸先生、諸先輩方への形を変えた恩返しでもある。大阪大学名誉教授で日本軍縮学会初代会長の黒澤満先生、京都大学大学院教授で現在日本軍縮学会の会長を務められている浅田正彦先生、前日本国際問題研究所軍縮・不拡散促進センター所長で、現在原子力委員会委員長代理の阿部信泰大使、ジェームズ・マーティン不拡散研究センター所長のウィリアム・ポッター先生をはじめとする諸先生方、それぞれの職場の諸先輩、同僚諸氏、それからこの軍縮・不拡散コミュニティの友人・仲間からは、常に教えられ、また大きな知的刺激を受けてきた。この場を借りて皆様に御礼を申し上げたい。

このような教えや知的刺激は、我々がこの国際社会における核のガバナンスをどう維持し、そして核なき世界をどう実現させるのかという、知的にも政策的にも高い山に挑み続ける活力となっている。諸先輩方の努力によって、その登攀ルートが開拓されつつあり、そしてかすかにではあるが頂上も見えてきたように感じられる。おそらく、「核なき世界」という山の頂へショートカットするルートはない。この山の頂に到達するには、研究活動などを通じた知的な積み重ねと、政治的なモメンタムの醸成(これは、第六章、第七章で触れたように市民社会に大きな役割が課せられていると言ってもいいだろう)、そして政治家や外交官らによる地道で、しかし時にクリエイティブな外交プロセスが必要となろう。

そのプロセスは、もしかしたらオバマ大統領が言うように我々が生きている間にその終焉を迎えることは難しいかもしれない。だからこそ、我々は、より多くの人たちにNPTのことを知ってもらい、そしてより多くの人たちに核の脅威をどのように削減していくのか、関心をもって一緒に考えてほしいと願っている。

本書は、多くの方々がこれまで積み重ねてきた蓄積の上に存在する。また多くの方々のご協力やご助力に負うところも大きい。特に、本書の編集を担当してくださった岩波書店の小田野耕明さんには、いろいろ無理なお願いをし、大いに助けていただいた。しかし、もし本書の内容に誤りや至らない点があったとすれば、それは編者をはじめとする執筆者が負うべきものであることは言うまでもない。なお、本書の見解は執筆者の所属する組織の見解を述べたものではなく、すべて個人の見解である。また執筆者の一人である秋山信将は、科学研究費補助金（基盤研究（C）課題番号 25380190）の助成を受け、その研究成果が本書の一部に反映されていることも付して記しておきたい。

本書が、核なき世界の実現のために、些細ではあるが多少なりとも貢献するものであることを願っている。

執筆者を代表して
秋山信将

核兵器を禁止する　川崎　哲　岩波ブックレット　本体　五二〇円

外交をひらく
核軍縮・密約問題の現場で　岡田克也　四六判二八八頁　本体一九〇〇円

非核兵器地帯—核なき世界への道筋　梅林宏道　四六判二一四頁　本体一八〇〇円

核のアメリカ
—トルーマンからオバマまで—　吉田文彦　四六判二五二頁　本体二八〇〇円

検証　非核の選択—核の現場を追う　杉田弘毅　四六判二五八頁　本体二六〇〇円

日米〈核〉同盟
原爆、核の傘、フクシマ　太田昌克　岩波新書　本体八〇〇円

秋山信将　(はじめに，第 1 章，おわりに担当，編者)
一橋大学大学院法学研究科／国際・公共政策大学院教授．博士(法学)．広島市立大学広島平和研究所講師，日本国際問題研究所軍縮・不拡散促進センター主任研究員などを経て現職．専門は国際政治学．特に軍縮・不拡散問題を中心に安全保障問題を研究．主な著書に『核不拡散をめぐる国際政治——規範の遵守，秩序の変容』(有信堂，2012 年)．

NPT 核のグローバル・ガバナンス

2015 年 4 月 7 日　第 1 刷発行

編　者　秋山信将《あきやまのぶまさ》

発行者　岡 本　厚

発行所　株式会社 岩波書店
〒101-8002 東京都千代田区一ツ橋 2-5-5
電話案内 03-5210-4000
http://www.iwanami.co.jp/

印刷・精興社　製本・三水舎

ISBN 978-4-00-022291-4　　Printed in Japan

執筆者紹介(執筆順)

西田 充(にしだ・みちる) (第2章担当)

外務省軍縮・不拡散専門官．モントレー国際大学院国際政策学修士．大量破壊兵器不拡散研究専攻(ジェームズ・マーティン不拡散研究センター)．その後，外務省大量破壊兵器等不拡散室，不拡散・科学原子力課，ジュネーブ軍縮会議日本政府代表部を経て，2011年より軍備管理・軍縮課に所属．

戸﨑洋史(とさき・ひろふみ) (第3章，第5章担当)

日本国際問題研究所軍縮・不拡散促進センター主任研究員．大阪大学大学院国際公共政策研究科博士後期課程中途退学．博士(国際公共政策)．日本国際問題研究所研究員補，研究員を経て現職．専門は軍備管理・不拡散問題，安全保障論．主な著書に『安全保障論――平和で公正な国際社会の構築に向けて』(編著，信山社，2015年)．

樋川和子(ひかわ・かずこ) (第4章担当)

外務省軍備管理・軍縮・不拡散専門官．軍備管理・軍縮課，在ウィーン国際機関日本政府代表部，在米国日本大使館，不拡散・科学原子力課勤務を通じてNPTプロセスに携わる．2015年1月より在イラク日本大使館一等書記官．

川崎 哲(かわさき・あきら) (第6章担当)

ピースボート共同代表．ピースデポ事務局長などを経て2003年より現職．核兵器廃絶国際キャンペーン(ICAN)国際運営委員．2009～10年「核不拡散・核軍縮に関する国際委員会」NGOアドバイザー．主な著書に『核拡散――軍縮の風は起こせるか』(岩波新書，2003年)『核兵器を禁止する』(岩波ブックレット，2014年)．

土岐雅子(とき・まさこ) (第7章担当)

ミドルベリー国際大学院モントレー校(旧称モントレー国際大学院)のジェームズ・マーティン不拡散研究センター不拡散教育プロジェクトマネージャー兼研究員．モントレー国際大学院国際政策学修士．大量破壊兵器不拡散研究専攻．軍縮・不拡散教育の推進，主に高校生を対象としたプロジェクトを担当．主な研究分野は軍縮・不拡散教育，日本の核軍縮，不拡散政策，原子力政策など．

索　引

さ 行

た 行

略年表

1942. 10	ルーズベルト大統領,「マンハッタン計画」承認
1945. 7	米国,世界初の核実験,「トリニティ」
8	広島への原爆投下
8	長崎への原爆投下
1946. 1	国連総会決議第1号(国連原子力委員会の設置)
6	米国,バルーク案を提案
6	ソ連,グロムイコ案を提案
8	米国原子力法(「マクマホン法」)成立
1949. 8	ソ連,初の核実験に成功
1952. 1	国連軍縮委員会設置
10	英国,初の核実験に成功
12	米国,初の水爆実験に成功
1953. 8	ソ連,水爆実験に成功
12	アイゼンハワー大統領,「平和のための原子力(Atoms for Peace)」演説
1954. 3	第五福竜丸事件
6	ソ連,世界初の原子力発電所操業開始
6	米国,原子力法改正
1957. 7	国際原子力機関(IAEA)設立
10	ソ連,スプートニクを静止軌道に載せることに成功
10	ポーランド・ラパツキー案を国連総会で提案
1958. 1	欧州原子力共同体(ユーラトム)発足
1959. 9	10ヵ国軍縮委員会(のちに,18ヵ国軍縮委員会,ジュネーブ軍縮会議(CD)へと改組)設置
11	国連総会,「完全軍縮決議」採択
1960. 2	フランス,初の核実験成功
1961. 12	アイルランド決議採択
1962. 10	キューバ危機
1963. 8	部分的核実験禁止条約(PTBT)署名(10月発効)
1964. 10	中国,初の核実験成功
1965. 8	米国,18ヵ国軍縮委員会に核兵器不拡散条約(NPT)草案提出
9	ソ連,国連総会にNPT草案提出
1966. 11	国連総会,米ソを共同提案国とするNPT早期締結を要請する決議採択
1967. 8	米ソ共同NPT草案提出

1968.	7	NPT，署名のために開放(国連での採択は 6 月)
1970.	2	日本，NPT に署名
	3	NPT 発効
1972.	5	米ソ，戦略兵器制限暫定協定(SALT)，弾道弾迎撃ミサイル(ABM)制限条約に署名
1974.	5	インド核実験に成功
	9	ザンガー委員会合意文書
	11	原子力供給国グループ(NSG)ロンドン会合
1976.	6	日本，NPT を批准
1977.	10	国際核燃料サイクル評価(INFCE)第 1 回会合開催(1979 年最終報告書採択)
1978.	1	NSG ロンドンガイドライン公表
1979.	3	スリーマイル島原発事故
1981.	6	イスラエル，イラクのオシラク原子炉を空爆
1986.	4	チェルノブイリ原発事故
	10	レイキャビク・サミット
1987.	12	米ソ，中距離核戦力(INF)全廃条約署名
1989.	11	ベルリンの壁崩壊
1991.	1	湾岸戦争
	4	安保理決議 687 により国連大量破壊兵器廃棄特別委員会(UNSCOM)設置
	7	米ソ，第一次戦略兵器削減条約(START I)署名
	7	南アフリカ，NPT 加入
	12	ソ連邦の解体
1992.	3	中国，NPT 加入
	8	フランス，NPT 加入
1993.	3	北朝鮮核問題発覚，NPT 脱退宣言
1994.	12	ウクライナ，カザフスタン，ベラルーシ NPT 加入
1995.	4〜5	NPT 再検討・延長会議，無期限延長を決定．合わせて，「再検討プロセスの強化」「核軍縮と不拡散の原則と目標」を決定．同時に「中東に関する決議」採択
1996.	7	核兵器の威嚇あるいは使用の合法性に関する国際司法裁判所(ICJ)勧告的意見
	9	包括的核実験禁止条約(CTBT)採択，署名開放
1997.	5	IAEA，モデル追加議定書採択
1998.	5	インドとパキスタン，核実験に成功
1999.	12	安保理決議 1284 により，イラク問題に関する国連監視・検証・査察委員会(UNMOVIC)設置

2000. 4〜5	NPT 再検討会議,「核廃絶の明確な約束」を含む「13 項目」を含む最終文書採択
2001. 9	米国同時多発テロ
2002. 5	米国,モスクワ条約(SORT)署名
8	イラン核開発疑惑発覚
2003. 1	北朝鮮,再度 NPT 脱退宣言
5	ブッシュ大統領,拡散に対する安全保障構想(PSI)発表
10	核燃料サイクルの多国間管理に関するエルバラダイ構想発表
12	リビア核問題発覚
2004. 2	A. Q. カーン博士の核の闇市場発覚
2005. 4〜5	2005 年 NPT 再検討会議,最終文書には実質的内容が盛り込まれず
2006. 10	北朝鮮,最初の核実験
2007. 1	「四賢人」による論考「核兵器のない世界」,『ウォール・ストリート・ジャーナル』紙へ寄稿
2009. 4	オバマ大統領「プラハ演説」
2010. 4	2010 核態勢見直し(NPR)
4	新 START 条約署名(2011 年 2 月発効)
4〜5	2010 年 NPT 再検討会議,64 項目の行動計画
2011. 3	東京電力福島第一原子力発電所事故
2013. 3	第 1 回核兵器の非人道的影響に関する国際会議(オスロ)
2014. 2	第 2 回核兵器の非人道的影響に関する国際会議(メキシコ・ナジャリット)
12	第 3 回核兵器の非人道的影響に関する国際会議(ウィーン)
2015. 4〜5	2015 年 NPT 再検討会議

略語一覧

ABM（Anti-Ballistic Missile）弾道弾迎撃ミサイル
ACRS（Arms Control and Regional Security）軍備管理・地域的安全保障作業部会
ASEAN（Association of South-East Asian Nation）東南アジア諸国連合
AU（African Union）アフリカ連合
BMD（Ballistic Missile Defense）弾道ミサイル防衛
BWC（Biological Weapons Convention）生物兵器禁止条約
CARICOM（Caribbean Community）カリブ共同体
CBM（Confidence-Building Measure）信頼醸成措置
CD（Conference on Disarmament）ジュネーブ軍縮会議
CNS（James Martin Center for Nonproliferation Studies）
　ジェームズ・マーティン不拡散研究センター
CTBT（Comprehensive Nuclear-Test-Ban Treaty）包括的核実験禁止条約
CWC（Chemical Weapons Convention）化学兵器禁止条約
EEAS（European External Action Service）欧州対外行動庁
EU（European Union）欧州連合
EURATOM（European Atomic Energy Community）欧州原子力共同体
FMCT（Fissile Material Cut-off Treaty）核兵器用核分裂性物質生産禁止条約
HEU（Highly Enriched Uranium）高濃縮ウラン
IADA（International Atomic Development Agency）国際原子力開発機関
IAEA（International Atomic Energy Agency）国際原子力機関
IALANA（International Association of Lawyers Against Nuclear Arms）
　国際反核法律家協会
ICAN（International Campaign to Abolish Nuclear Weapons）
　核兵器廃絶国際キャンペーン
ICBL（International Campaign to Ban Landmines）地雷廃絶国際キャンペーン
ICBM（Intercontinental Ballistic Missile）大陸間弾道ミサイル
ICJ（International Court of Justice）国際司法裁判所
ICNND（International Commission on Nuclear Non-Proliferation and Disarmament）
　核不拡散・核軍縮に関する国際委員会
ICRC（International Committee of the Red Cross）赤十字国際委員会
IPB（International Peace Bureau）国際平和ビューロー
IPPNW（International Physicians for the Prevention of Nuclear War）
　核戦争防止国際医師会議
IRBM（Intermediate-Range Ballistic Missile）中距離弾道ミサイル
LEU（Low Enriched Uranium）低濃縮ウラン
MAD（Mutual Assured Destruction）相互確証破壊
MIRV（Multiple Independently-targetable Reentry Vehicle）複数個別誘導弾頭
MLF（Multilateral Nuclear Force）多角的核戦力
MNA（Multilateral Approaches to the Nuclear Fuel Cycle）
　核燃料サイクルの多国間アプローチ

MOX(Mixed Oxide)混合酸化物燃料
MRBM(Medium-Range Ballistic Missile)準中距離弾道ミサイル
NAC(New Agenda Coalition)新アジェンダ連合
NAM(Non-Aligned Movement)非同盟運動
NASA(National Aeronautics and Space Administration)アメリカ航空宇宙局
NATO(North Atlantic Treaty Organization)北大西洋条約機構
NGO(Non-Governmental Organization)非政府組織
NPDI(Non-Proliferation and Disarmament Initiative)軍縮・不拡散イニシアティブ
NPR(Nuclear Posture Review)核態勢見直し
NPT(Nuclear Non-Proliferation Treaty)核兵器不拡散条約
NSG(Nuclear Suppliers Group)原子力供給国グループ
NTI(Nuclear Threat Initiative)核脅威イニシアティブ
NWC(Nuclear Weapons Convention)核兵器禁止条約
PACT(Programme of Action for Cancer Therapy)がん治療行動プログラム
PAROS(Prevention of an Arms Race in Outer Space)宇宙における軍備競争の防止
PIF(Pacific Islands Forum)太平洋諸島フォーラム
PMD(Possible Military Dimensions)核計画の軍事的側面
PNND(Parliamentarians for Nuclear Non- proliferation and Disarmament)
核軍縮・不拡散議員連盟
PPNN(Programme for Promoting Nuclear Non-Proliferation)
サウスハンプトン大学の核不拡散推進プログラム
PSI(Proliferation Security Initiative)拡散安全保障構想
PTBT(Partial Test Ban Treaty)部分的核実験禁止条約
PUI(Peaceful Uses Initiative)平和利用イニシアティブ
RCW(Reaching Critical Will)リーチング・クリティカル・ウィル
SALT(Strategic Arms Limitation Talks/Treaty)戦略兵器制限交渉(条約)
SDI(Strategic Defense Initiative)戦略防衛構想
SIPRI(Stockholm International Peace Research Institute)
ストックホルム国際平和研究所
SLBM(Submarine Launched Ballistic Missile)潜水艦発射弾道ミサイル
SORT(Strategic Offensive Reductions Treaty)戦略攻撃能力削減条約
SSBN(Ballistic Missile Submarine Nuclear-Powered)弾道ミサイル搭載原子力潜水艦
START(Strategic Arms Reduction Treaty/Talks)戦略兵器削減条約(交渉)
UNMOVIC(United Nations Monitoring, Verification and Inspection Commission)
国連イラク監視・検証・査察委員会
UNSCOM(United Nations Special Commission on Iraq)国連イラク特別委員会
WCP(World Court Project)世界法廷運動
WHO(World Health Organization)世界保健機関
WILPF(Women's International League for Peace and Freedom)
婦人国際平和自由連盟
WMD(Weapons of Mass Destruction)大量破壊兵器

核兵器の不拡散に関する条約

この条約を締結する国(「締約国」という.)は,

核戦争が全人類に惨害をもたらすものであり,したがって,このような戦争の危険を回避するためにあらゆる努力を払い,及び人民の安全を保障するための措置をとることが必要であることを考慮し,

核兵器の拡散が核戦争の危険を著しく増大させるものであることを信じ,

核兵器の一層広範にわたる分散の防止に関する協定を締結することを要請する国際連合総会の諸決議に従い,

平和的な原子力活動に対する国際原子力機関の保障措置の適用を容易にすることについて協力することを約束し,

一定の枢要な箇所において機器その他の技術的手段を使用することにより原料物質及び特殊核分裂性物質の移動に対して効果的に保障措置を適用するという原則を,国際原子力機関の保障措置制度のわく内で適用することを促進するための研究,開発その他の努力に対する支持を表明し,

核技術の平和的応用の利益(核兵器が核爆発装置の開発から得ることができるすべての技術上の副産物を含む.)が,平和的目的のため,すべての締約国(核兵器国であるか非核兵器国であるかを問わない.)に提供されるべきであるという原則を確認し,

この原則を適用するに当たり,すべての締約国が,平和的目的のための原子力の応用を一層発展させるため可能な最大限度まで科学的情報を交換することに参加し,及び単独で又は他の国と協力してその応用の一層の発展に貢献する権利を有することを確信し,

核軍備競争の停止をできる限り早期に達成し,及び核軍備の縮小の方向で効果的な措置をとる意図を宣言し,

この目的の達成についてすべての国が協力することを要請し,

1963年の大気圏内,宇宙空間及び水中における核兵器実験を禁止する条約の締約国が,同条約前文において,核兵器のすべての実験的爆発の永久的停止の達成を求め及びそのために交渉を継続する決意を表明したことを想起し,

Treaty on the Non-Proliferation of Nuclear Weapons

The States concluding this Treaty, hereinafter referred to as the "Parties to the Treaty",

Considering the devastation that would be visited upon all mankind by a nuclear war and the consequent need to make every effort to avert the danger of such a war and to take measures to safeguard the security of peoples,

Believing that the proliferation of nuclear weapons would seriously enhance the danger of nuclear war,

In conformity with resolutions of the United Nations General Assembly calling for the conclusion of an agreement on the prevention of wider dissemination of nuclear weapons,

Undertaking to co-operate in facilitating the application of International Atomic Energy Agency safeguards on peaceful nuclear activities,

Expressing their support for research, development and other efforts to further the application, within the framework of the International Atomic Energy Agency safeguards system, of the principle of safeguarding effectively the flow of source and special fissionable materials by use of instruments and other techniques at certain strategic points,

Affirming the principle that the benefits of peaceful applications of nuclear technology, including any technological by-products which may be derived by nuclear-weapon States from the development of nuclear explosive devices, should be available for peaceful purposes to all Parties to the Treaty, whether nuclear-weapon or non-nuclear-weapon States,

Convinced that, in furtherance of this principle, all Parties to the Treaty are entitled to participate in the fullest possible exchange of scientific information for, and to contribute alone or in co-operation with other States to, the further development of the applications of atomic energy for peaceful purposes,

Declaring their intention to achieve at the earliest possible date the cessation of the nuclear arms race and to undertake effective measures in the direction of nuclear disarmament,

Urging the co-operation of all States in the attainment of this objective,

Recalling the determination expressed by the Parties to the 1963 Treaty banning nuclear weapons tests in the atmosphere, in outer space and under water in its Preamble to seek to achieve the discontinuance of all test explosions

厳重かつ効果的な国際管理の下における全面的かつ完全な軍備縮小に関する条約に基づき核兵器の製造を停止し，貯蔵されたすべての核兵器を廃棄し，並びに諸国の軍備から核兵器及びその運搬手段を除去することを容易にするため，国際間の緊張の緩和及び諸国間の信頼の強化を促進することを希望し，

諸国が，国際連合憲章に従い，その国際関係において，武力による威嚇又は武力の行使を，いかなる国の領土保全又は政治的独立に対するものも，また，国際連合の目的と両立しない他のいかなる方法によるものも慎まなければならないこと並びに国際の平和及び安全の確立及び維持が世界の人的及び経済的資源の軍備のための転用を最も少なくして促進されなければならないことを想起して，

次のとおり協定した．

第1条

締約国である各核兵器国は，核兵器その他の核爆発装置又はその管理をいかなる者に対しても直接又は間接に移譲しないこと及び核兵器その他の核爆発装置の製造若しくはその他の方法による取得又は核兵器その他の核爆発装置の管理の取得につきいかなる非核兵器国に対しても何ら援助，奨励又は勧誘を行わないことを約束する．

第2条

締約国である各非核兵器国は，核兵器その他の核爆発装置又はその管理をいかなる者からも直接又は間接に受領しないこと，核兵器その他の核爆発装置を製造せず又はその他の方法によって取得しないこと及び核兵器その他の核爆発装置の製造についていかなる援助をも求めず又は受けないことを約束する．

第3条

1．締約国である各非核兵器国は，原子力が平和的利用から核兵器その他の核爆発装置に転用されることを防止するため，この条約に基づいて負う義務の履行を確認することのみを目的として国際原子力機関憲章及び国際原子力機関の保障措置制度に従い国際原子力機関との間で交渉しかつ締結する協定に定められる保障措置を受諾することを約束する．この条の規定によって必要とされる保障措置の手続は，原料物質又は特殊核分裂性物質につきそれが主要な原子力

of nuclear weapons for all time and to continue negotiations to this end,

Desiring to further the easing of international tension and the strengthening of trust between States in order to facilitate the cessation of the manufacture of nuclear weapons, the liquidation of all their existing stockpiles, and the elimination from national arsenals of nuclear weapons and the means of their delivery pursuant to a Treaty on general and complete disarmament under strict and effective international control,

Recalling that, in accordance with the Charter of the United Nations, States must refrain in their international relations from the threat or use of force against the territorial integrity or political independence of any State, or in any other manner inconsistent with the Purposes of the United Nations, and that the establishment and maintenance of international peace and security are to be promoted with the least diversion for armaments of the world's human and economic resources,

Have agreed as follows:

Article I

Each nuclear-weapon State Party to the Treaty undertakes not to transfer to any recipient whatsoever nuclear weapons or other nuclear explosive devices or control over such weapons or explosive devices directly, or indirectly; and not in any way to assist, encourage, or induce any non-nuclear-weapon State to manufacture or otherwise acquire nuclear weapons or other nuclear explosive devices, or control over such weapons or explosive devices.

Article II

Each non-nuclear-weapon State Party to the Treaty undertakes not to receive the transfer from any transferor whatsoever of nuclear weapons or other nuclear explosive devices or of control over such weapons or explosive devices directly, or indirectly; not to manufacture or otherwise acquire nuclear weapons or other nuclear explosive devices; and not to seek or receive any assistance in the manufacture of nuclear weapons or other nuclear explosive devices.

Article III

1. Each non-nuclear-weapon State Party to the Treaty undertakes to accept safeguards, as set forth in an agreement to be negotiated and concluded with the International Atomic Energy Agency in accordance with the Statute of the International Atomic Energy Agency and the Agency's safeguards system, for the exclusive purpose of verification of the fulfilment of its obligations assumed under this Treaty with a view to preventing diversion of nuclear energy from peaceful uses to nuclear weapons or other nuclear

施設において生産され，処理され若しくは使用されているか又は主要な原子力施設の外にあるかを問わず，遵守しなければならない．この条の規定によって必要とされる保障措置は，当該非核兵器国の領域内若しくはその管轄下で又は場所のいかんを問わずその管理の下で行われるすべての平和的な原子力活動に係るすべての原料物質及び特殊核分裂性物質につき，適用される．

2. 各締約国は，(a)原料物質若しくは特殊核分裂性物質又は(b)特殊核分裂性物質の処理，使用若しくは生産のために特に設計された若しくは作成された設備若しくは資材を，この条の規定によって必要とされる保障措置が当該原料物質又は当該特殊核分裂性物質について適用されない限り，平和的目的のためいかなる非核兵器国にも供給しないことを約束する．

3. この条の規定によって必要とされる保障措置は，この条の規定及び前文に規定する保障措置の原則に従い，次条の規定に適合する態様で，かつ，締約国の経済的若しくは技術的発展又は平和的な原子力活動の分野における国際協力（平和的目的のため，核物質及びその処理，使用又は生産のための設備を国際的に交換することを含む．）を妨げないような態様で，実施するものとする．

4. 締約国である非核兵器国は，この条に定める要件を満たすため，国際原子力機関憲章に従い，個々に又は他の国と共同して国際原子力機関と協定を締結するものとする．その協定の交渉は，この条約が最初に効力を生じた時から180日以内に開始しなければならない．この180日の期間の後に批准書又は加入書を寄託する国については，その協定の交渉は，当該寄託の日までに開始しなければならない．その協定は，交渉開始の日の後18箇月以内に効力を生ずるものとする．

第4条

1. この条約のいかなる規定も，無差別にかつ第1条及び第2条の規定に従って平和的目的のための原子力の研究，生産及び利用を発展させることについてのすべての締約国の奪い得ない権利に影響を及ぼすものと解してはならない．

2. すべての締約国は，原子力の平和的利用のため設備，資材並びに科学的及び技術的情報を可能な最大限度まで交換することを容易にすることを約束し，

explosive devices. Procedures for the safeguards required by this Article shall be followed with respect to source or special fissionable material whether it is being produced, processed or used in any principal nuclear facility or is outside any such facility. The safeguards required by this Article shall be applied on all source or special fissionable material in all peaceful nuclear activities within the territory of such State, under its jurisdiction, or carried out under its control anywhere.

2. Each State Party to the Treaty undertakes not to provide: (a) source or special fissionable material, or (b) equipment or material especially designed or prepared for the processing, use or production of special fissionable material, to any non-nuclear-weapon State for peaceful purposes, unless the source or special fissionable material shall be subject to the safeguards required by this Article.

3. The safeguards required by this Article shall be implemented in a manner designed to comply with Article IV of this Treaty, and to avoid hampering the economic or technological development of the Parties or international co-operation in the field of peaceful nuclear activities, including the international exchange of nuclear material and equipment for the processing, use or production of nuclear material for peaceful purposes in accordance with the provisions of this Article and the principle of safeguarding set forth in the Preamble of the Treaty.

4. Non-nuclear-weapon States Party to the Treaty shall conclude agreements with the International Atomic Energy Agency to meet the requirements of this Article either individually or together with other States in accordance with the Statute of the International Atomic Energy Agency. Negotiation of such agreements shall commence within 180 days from the original entry into force of this Treaty. For States depositing their instruments of ratification or accession after the 180-day period, negotiation of such agreements shall commence not later than the date of such deposit. Such agreements shall enter into force not later than eighteen months after the date of initiation of negotiations.

Article IV

1. Nothing in this Treaty shall be interpreted as affecting the inalienable right of all the Parties to the Treaty to develop research, production and use of nuclear energy for peaceful purposes without discrimination and in conformity with Articles I and II of this Treaty.

2. All the Parties to the Treaty undertake to facilitate, and have the right to participate in, the fullest possible exchange of equipment, materials and scien-

また，その交換に参加する権利を有する．締約国は，また，可能なときは，単独で又は他の国若しくは国際機関と共同して，世界の開発途上にある地域の必要に妥当な考慮を払って，平和的目的のための原子力の応用，特に締約国である非核兵器国の領域におけるその応用の一層の発展に貢献することに協力する．

第5条

各締約国は，核爆発のあらゆる平和的応用から生ずることのある利益が，この条約に従い適当な国際的監視の下でかつ適当な国際的手続により無差別の原則に基づいて締約国である非核兵器国に提供されること並びに使用される爆発装置についてその非核兵器国の負担する費用が，できる限り低額であり，かつ，研究及び開発のためのいかなる費用をも含まないことを確保するため，適当な措置をとることを約束する．締約国である非核兵器国は，特別の国際協定に従い，非核兵器国が十分に代表されている適当な国際機関を通じてこのような利益を享受することができる．この問題に関する交渉は，この条約が効力を生じた後できる限り速やかに開始するものとする．締約国である非核兵器国は，希望するときは，2国間協定によってもこのような利益を享受することができる．

第6条

各締約国は，核軍備競争の早期の停止及び核軍備の縮小に関する効果的な措置につき，並びに厳重かつ効果的な国際管理の下における全面的かつ完全な軍備縮小に関する条約について，誠実に交渉を行うことを約束する．

第7条

この条約のいかなる規定も，国の集団がそれらの国の領域に全く核兵器の存在しないことを確保するため地域的な条約を締結する権利に対し，影響を及ぼすものではない．

第8条

1. いずれの締約国も，この条約の改正を提案することができる．改定案は，寄託国政府に提出するものとし，寄託国政府は，これをすべての締約国に配布する．その後，締約国の3分の1以上の要請があったときは，寄託国政府は，その改正を審議するため，すべての締約国を招請して会議を開催する．

tific and technological information for the peaceful uses of nuclear energy. Parties to the Treaty in a position to do so shall also co-operate in contributing alone or together with other States or international organizations to the further development of the applications of nuclear energy for peaceful purposes, especially in the territories of non-nuclear-weapon States Party to the Treaty, with due consideration for the needs of the developing areas of the world.

Article V

Each Party to the Treaty undertakes to take appropriate measures to ensure that, in accordance with this Treaty, under appropriate international observation and through appropriate international procedures, potential benefits from any peaceful applications of nuclear explosions will be made available to non-nuclear-weapon States Party to the Treaty on a non-discriminatory basis and that the charge to such Parties for the explosive devices used will be as low as possible and exclude any charge for research and development. Non-nuclear-weapon States Party to the Treaty shall be able to obtain such benefits, pursuant to a special international agreement or agreements, through an appropriate international body with adequate representation of non-nuclear-weapon States. Negotiations on this subject shall commence as soon as possible after the Treaty enters into force. Non-nuclear-weapon States Party to the Treaty so desiring may also obtain such benefits pursuant to bilateral agreements.

Article VI

Each of the Parties to the Treaty undertakes to pursue negotiations in good faith on effective measures relating to cessation of the nuclear arms race at an early date and to nuclear disarmament, and on a treaty on general and complete disarmament under strict and effective international control.

Article VII

Nothing in this Treaty affects the right of any group of States to conclude regional treaties in order to assure the total absence of nuclear weapons in their respective territories.

Article VIII

1. Any Party to the Treaty may propose amendments to this Treaty. The text of any proposed amendment shall be submitted to the Depositary Governments which shall circulate it to all Parties to the Treaty. Thereupon, if requested to do so by one-third or more of the Parties to the Treaty, the Depositary Governments shall convene a conference, to which they shall invite

2. この条約のいかなる改正も，すべての締約国の過半数の票(締約国であるすべての核兵器国の票及び改正案が配布された日に国際原子力機関の理事国である他のすべての締約国の票を含む.）による議決で承認されなければならない．その改正は，すべての締約国の過半数の改正の批准書(締約国であるすべての核兵器国の改正の批准書及び改正案が配布された日に国際原子力機関の理事国である他のすべての締約国の改正の批准書を含む.）が寄託された時に，その批准書を寄託した各締約国について効力を生ずる．その後は，改正は，改正の批准書を寄託する他のいずれの締約国についても，その寄託の時に効力を生ずる．

3. 前文の目的の実現及びこの条約の規定の遵守を確保するようにこの条約の運用を検討するため，この条約の効力発生の5年後にスイスのジュネーヴで締約国の会議を開催する．その後5年ごとに，締約国の過半数が寄託国政府に提案する場合には，条約の運用を検討するという同様の目的をもって，更に会議を開催する．

第9条

1. この条約は，署名のためすべての国に開放される．この条約が3の規定に従って効力を生ずる前にこの条約に署名しない国は，いつでもこの条約に加入することができる．

2. この条約は，署名国によって批准されなければならない．批准書及び加入書は，ここに寄託国政府として指定されるグレート・ブリテン及び北部アイルランド連合王国，ソヴィエト社会主義共和国連邦及びアメリカ合衆国の政府に寄託する．

3. この条約は，その政府が条約の寄託者として指定される国及びこの条約の署名国である他の40の国が批准しかつその批准書を寄託した後に，効力を生ずる．この条約の適用上，「核兵器国」とは，1967年1月1日前に核兵器その他の核爆発装置を製造しかつ爆発させた国をいう．

4. この条約は，その効力発生の後に批准書又は加入書を寄託する国については，その批准書又は加入書の寄託の日に効力を生ずる．

all the Parties to the Treaty, to consider such an amendment.

2. Any amendment to this Treaty must be approved by a majority of the votes of all the Parties to the Treaty, including the votes of all nuclear-weapon States Party to the Treaty and all other Parties which, on the date the amendment is circulated, are members of the Board of Governors of the International Atomic Energy Agency. The amendment shall enter into force for each Party that deposits its instrument of ratification of the amendment upon the deposit of such instruments of ratification by a majority of all the Parties, including the instruments of ratification of all nuclear-weapon States Party to the Treaty and all other Parties which, on the date the amendment is circulated, are members of the Board of Governors of the International Atomic Energy Agency. Thereafter, it shall enter into force for any other Party upon the deposit of its instrument of ratification of the amendment.

3. Five years after the entry into force of this Treaty, a conference of Parties to the Treaty shall be held in Geneva, Switzerland, in order to review the operation of this Treaty with a view to assuring that the purposes of the Preamble and the provisions of the Treaty are being realised. At intervals of five years thereafter, a majority of the Parties to the Treaty may obtain, by submitting a proposal to this effect to the Depositary Governments, the convening of further conferences with the same objective of reviewing the operation of the Treaty.

Article IX

1. This Treaty shall be open to all States for signature. Any State which does not sign the Treaty before its entry into force in accordance with paragraph 3 of this Article may accede to it at any time.

2. This Treaty shall be subject to ratification by signatory States. Instruments of ratification and instruments of accession shall be deposited with the Governments of the United Kingdom of Great Britain and Northern Ireland, the Union of Soviet Socialist Republics and the United States of America, which are hereby designated the Depositary Governments.

3. This Treaty shall enter into force after its ratification by the States, the Governments of which are designated Depositaries of the Treaty, and forty other States signatory to this Treaty and the deposit of their instruments of ratification. For the purposes of this Treaty, a nuclear-weapon State is one which has manufactured and exploded a nuclear weapon or other nuclear explosive device prior to 1 January 1967.

4. For States whose instruments of ratification or accession are deposited subsequent to the entry into force of this Treaty, it shall enter into force on

5. 寄託国政府は，すべての署名国及び加入国に対し，各署名の日，各批准書又は各加入書の寄託の日，この条約の効力発生の日，会議の開催の要請を受領した日及び他の通知を速やかに通報する．

6. この条約は，寄託国政府が国際連合憲章第102条の規定に従って登録する．

第10条

1. 各締約国は，この条約の対象である事項に関連する異常な事態が自国の至高の利益を危うくしていると認める場合には，その主権を行使してこの条約から脱退する権利を有する．当該締約国は，他のすべての締約国及び国際連合安全保障理事会に対し3箇月前にその脱退を通知する．その通知には，自国の至高の利益を危うくしていると認める異常な事態についても記載しなければならない．

2. この条約の効力発生の25年後に，条約が無期限に効力を有するか追加の一定期間延長されるかを決定するため，会議を開催する．その決定は，締約国の過半数による議決で行う．

第11条

この条約は，英語，ロシア語，フランス語，スペイン語，及び中国語をひとしく正文とし寄託国政府に寄託される．この条約の認証謄本は，寄託国政府が署名国政府及び加入国政府に送付する．

以上の証拠として，下名は，正当に委任を受けてこの条約に署名した．

1968年7月1日にロンドン市，モスクワ市及びワシントン市で本書3通を作成した．

the date of the deposit of their instruments of ratification or accession

5. The Depositary Governments shall promptly inform all signatory and acceding States of the date of each signature, the date of deposit of each instrument of ratification or of accession, the date of the entry into force of this Treaty, and the date of receipt of any requests for convening a conference or other notices.

6. This Treaty shall be registered by the Depositary Governments pursuant to Article 102 of the Charter of the United Nations.

Article X

1. Each Party shall in exercising its national sovereignty have the right to withdraw from the Treaty if it decides that extraordinary events, related to the subject matter of this Treaty, have jeopardized the supreme interests of its country. It shall give notice of such withdrawal to all other Parties to the Treaty and to the United Nations Security Council three months in advance. Such notice shall include a statement of the extraordinary events it regards as having jeopardized its supreme interests.

2. Twenty-five years after the entry into force of the Treaty, a conference shall be convened to decide whether the Treaty shall continue in force indefinitely, or shall be extended for an additional fixed period or periods. This decision shall be taken by a majority of the Parties to the Treaty.*

Article XI

This Treaty, the English, Russian, French, Spanish and Chinese texts of which are equally authentic, shall be deposited in the archives of the Depositary Governments. Duly certified copies of this Treaty shall be transmitted by the Depositary Governments to the Governments of the signatory and acceding States.

IN WITNESS WHEREOF the undersigned, duly authorized, have signed this Treaty.

DONE in triplicate, at the cities of London, Moscow and Washington, the first day of July, one thousand nine hundred and sixty-eight.

参考文献

以下の文献リストは，本書の執筆にあたり参照し，なおかつ今後さらに核軍縮・核不拡散の分野での理解を深める際に参考になると思われる文献を集めている．本書の性格上，本文上には明示的に引用箇所を示してはいないが，この分野の先駆者たちの研究業績には，執筆者一同大きな敬意を表したい．

〔日本語〕

秋山信将『核不拡散をめぐる国際政治──規範の遵守，秩序の変容』有信堂，2012 年．

浅田正彦，戸﨑洋史編『核軍縮不拡散の法と政治』信山社，2008 年．

今井隆吉『IAEA 査察と核拡散』日刊工業新聞社，1994 年．

垣花秀武・川上幸一共編『原子力と国際政治──核不拡散政策論』白桃書房，1986 年．

川崎哲『核拡散──軍縮の風は起こせるか』岩波新書，2003 年．

川崎哲『核兵器を禁止する』岩波ブックレット，2014 年．

木村直人『核セキュリティの基礎知識』日本電気協会新聞部，2012 年．

黒澤満『軍縮国際法の新しい視座──核兵器不拡散体制の研究』有信堂，1986 年．

黒澤満編『大量破壊兵器の軍縮論』信山社，2004 年．

黒澤満『核軍縮と国際平和』信山社，2011 年．

黒澤満『核兵器のない世界へ──理想への現実的アプローチ』東信堂，2014 年．

坂梨祥「イラン核開発問題をめぐる包括合意に向けた展望──核交渉によってイランは何を得るのか」『海外事情』2014 年 5 月．

佐藤栄一，木村修三編著『核防条約──核拡散と不拡散の論理』再版，日本国際問題研究所，1977 年．

戸﨑洋史「中東会議を巡るゼロサムゲーム」『軍縮研究』第 4 号，2013 年 4 月．

戸﨑洋史「オバマ政権の核軍縮・不拡散政策──ビジョンと成果のギャップ」『国際安全保障』第 41 巻第 3 号，2013 年 12 月．

戸﨑洋史「新 START 後の核軍備管理の停滞──力の移行の含意」神余隆博，星野俊也，戸﨑洋史，佐渡紀子編『安全保障論──平和で公正な国際社会

の構築に向けて』信山社，2015 年．
メラフ・ダータン，フェリシティ・ヒル，ユルゲン・シェフラン，アラン・ウェア著，浦田賢治編訳『地球の生き残り 〔解説〕モデル核兵器条約』日本評論社，2008 年．

〔英 語〕

Ray Acheson, Thomas Nash and Richard Moyes, *A Treaty Banning Nuclear Weapons: Developing a legal framework for the prohibition and elimination of nuclear weapons*(Article 36 and Reaching Critical Will, 2014)
Ken Berry, Patricia Lewis, Benoît Pélopidas, Nikolai Sokov and Ward Wilson, *Delegitimizing Nuclear Weapons: Examining the validity of nuclear deterrence*(Monterey, CA: James Martin Center for Nonproliferation Studies, 2010)
John Borrie and Tim Caughley, *An Illusion of Safety: Challenges of Nulcear Weapons Detonations for United Nations Humanitarian Coordination and Response*(Geneva: UNIDIR, 2014)
John Carlson, Victor Bragin, John Bardsley, and John Hill, "Nuclear Safeguards As an Evolutionary System," *The Nonproliferation Review*, Winter 1999
Jayantha Dhanapala with Randy Rydell, *Multilateral Diplomacy and the NPT: An Insider's Account*(Geneva: United Nations Publication, 2005)
Robert J. Einhorn, "Preventing a Nuclear-Armed Iran: Requirements for a Comprehensive Nuclear Agreement," *Arms Control and Non-Proliferation Series* No. 10(Brooking Institute, March 2014)
David Fischer, *History of the International Atomic Energy Agency: The First Forty Years*(Vienna: IAEA, 1997)
George Fisher, *The Non-Proliferation of Nuclear Weapons*(London: Europa Publications, 1971)
Paolo Foradori and Martin B. Malin, eds., *A WMD-Free Zone in the Middle East: Regional Perspectives*(Cambridge: Belfer Center for Science and International Affairs, 2013)
Ire Helfand, *Nuclear Famine: Two Billion People at Risk?* Second Edition (IPPNW, 2013)

Robert Jervis, "Getting to Yes with Iran: The Challenges of Coercive Diplomacy," *Foreign Affairs*, Vol. 92, No. 1 (January/February 2013)

Patricia Lewis, Heather Williams and Sasan Aghlani, *Too Close for Comfort: Cases of Near Nuclear Use and Options for Policy* (London: Chatham House, the Royal Institute of International Affairs, 2014)

Allan McKnight, *Atomic Safeguards: A Study in International Verification* (New York: UNITAR, 1971)

Harald Müller, "The NPT Review Conferences," Emily B. Landau and Azriel Bermant, eds., *The Nuclear Nonproliferation Regime at a Crossroads* (Tel Aviv: Institute for National Security Studies, 2014)

George Perkovich and James M. Acton, eds., *Abolishing Nuclear Weapons: A Debate* (Washington, D. C.: Carnegie Endowment for International Peace, 2009)

Steven Pifer and Michael E. O'Hanlon, *The Opportunity: Next Steps in Reducing Nuclear Arms* (Washington, D. C.: Brookings Institute Press, 2012)

Mohamed I. Shaker, *The Nuclear Non-Proliferation Treaty: Origin and Implementation, 1959–1979* (New York: Oceana Publications, 1980)

〔ウェブサイト〕

国連軍縮部ホームページ "NPT Review Conferences and Preparatory Committees"
http://www.un.org/disarmament/WMD/Nuclear/NPT_Review_Conferences.shtml

外務省ホームページ「核兵器不拡散条約」
http://www.mofa.go.jp/mofaj/gaiko/kaku/npt/

Reaching Critical Will ホームページ
http://www.reachingcriticalwill.org/

長崎大学核兵器廃絶研究センター「市民データベース」
http://www.recna.nagasaki-u.ac.jp/recna/datebase/

日本国際問題研究所軍縮・不拡散促進センターホームページ
http://www.cpdnp.jp/

James Martin Center for Nonproliferation Studies ホームページ
http://www.nonproliferation.org/